U0151432

[英] 克里斯·库珀 著 黄紫薇 包诗雨 译

后浪

关于宇宙的一切

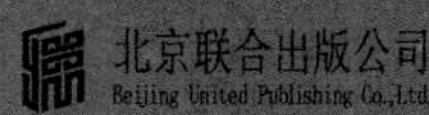

北京联合出版公司
Beijing United Publishing Co.,Ltd.

我们只是猴子的高级品种，
生活在一颗普通恒星的小行星上。
但是我们能够理解宇宙，
这使我们不同寻常。

斯蒂芬·霍金

目　录

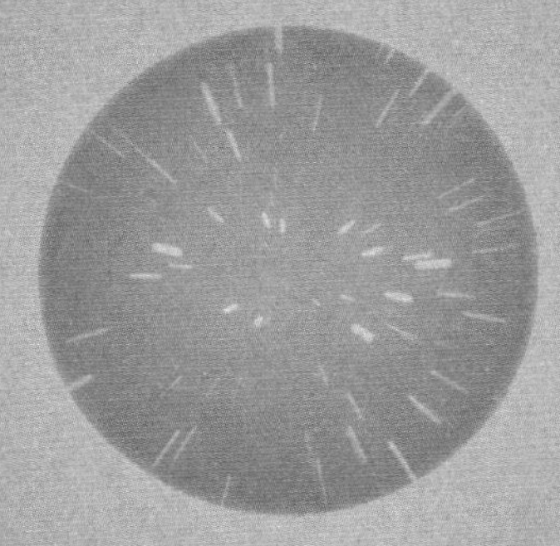

第三章　探测器、卫星和宇宙飞船

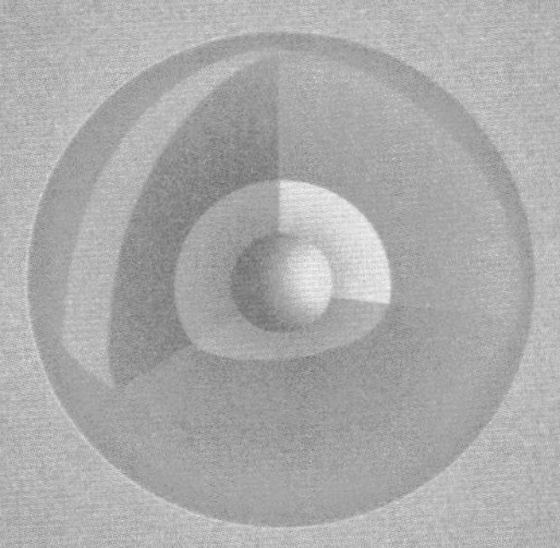

第四章　太阳和岩质行星

目 录

第五章 行星中的巨人和侏儒

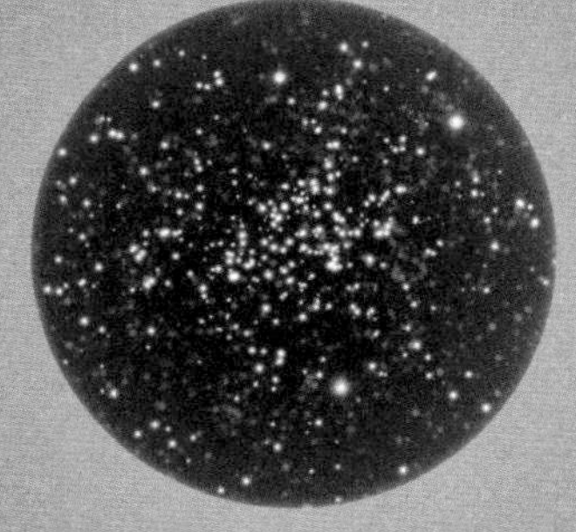

第六章 数以亿计的恒星

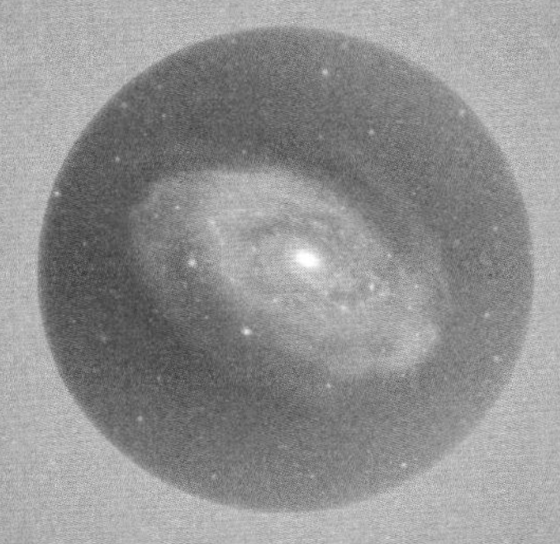

第七章　星系

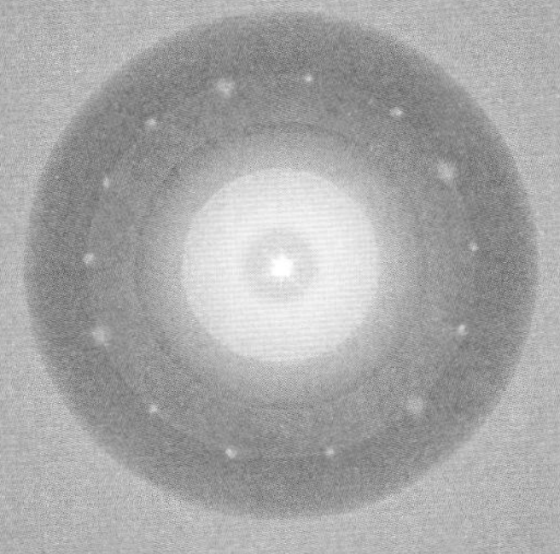

第八章　宇宙奇观

导 言

如同道格拉斯·亚当斯在《银河系漫游指南》当中所说的那样，浩瀚的宇宙“简直是太大了。它无边无际、硕大无朋、大到匪夷所思”。宇宙大到这种程度：如果将所有物质均匀散布在宇宙中，最终得到的将是连最先进的实验技术也无法实现的真空。然而，即便是这真空当中，值得介绍的东西仍然不计其数。本书写作的尤为艰难之处在于，我们所知的物质，相对于真实存在的所有物质而言，不及九牛之一毛；在宇宙深处还存在着浩瀚无垠的“暗物质”。尽管我们确信“暗物质”的存在，但对其几乎一无所知——就像唐纳德·拉姆斯菲尔德所说，大概它就是一个众所周知的未知数吧。

除了空间，需要探讨的还有绵绵无尽的时间。尽管我们已知的宇宙历史并非无穷无尽，但能够确知的也有137亿年之久。况且，它还有数十亿乃至数万亿年的未来。

重要的是，在这个我们能直接观测到的宇宙之外，可能还存在着无数未知的宇宙。这样你就不难理解，为什么这本小书必须删繁就简，以容纳如此多的知识要点了。

本书将要说明的是，我们以及我们的星球何以同宇宙浑然一体。你将会了解天文学家和其他科学家目前在宇宙探索中所取得的重要成就：他们如何借助工具的改善看得更远；他们如何将望远镜放在山顶上、太空中甚至地层深处；他们如何在不可见光中“看见”事物。最重要的是，你将会看到，天文学家们更多地运用心灵的眼睛，而非身体的眼睛去追求知识、解决问题。

这本书将带领大家对人类关于宇宙的知识做一次鸟瞰，毋庸置疑，本书的作者、插画师以及出版商并不会因介绍完所有的知识而从此失业。越来越多的宇宙飞船在太阳系遨游，引力波望远镜和中微子望远镜打开了观察宇宙的新窗口，望远镜甚至被放置在比月球还远的地方。这一切都说明，故事还远未结束。这里只是你今天所应当知道的，明天还会有更多……

第一章

我们的天空

01.1 天上有什么？

我们生活在波诡云谲、变幻不定的大气层，随着高度的增加，它逐渐稀薄，最终消失，却并不存在一个明确的边界。根据国际定义，距离地面100千米处开始属于太空。头顶的天空似乎每24小时就会转一圈，这是地球自转的结果。我们用肉眼就能看到太阳、月亮、彗星以及另外五颗和地球相类的行星在不停运转，它们是我们在太阳系的同伴，也是近邻。除了这些运动的行星，还有大约6 000颗相对位置保持不变的“恒星”。在更渺远的太空深处，我们只能看到四块缥缈模糊的斑点。那是银河系之外的其他星系。

延伸思考

我们之所以看到恒星闪烁，只是因为恒星的光线要穿过不断变化的大气层才能到达我们的眼睛。但是，行星一般不存在这种现象。虽然看起来像是亮点，行星实际上是圆盘状的。

流动的空气对圆盘状行星不同部位的光线产生不同的影响，最终形成的是一个稳定的图像。如果在太空或者没有空气的月球表面进行观察，那么无论行星还是恒星都不会闪烁。

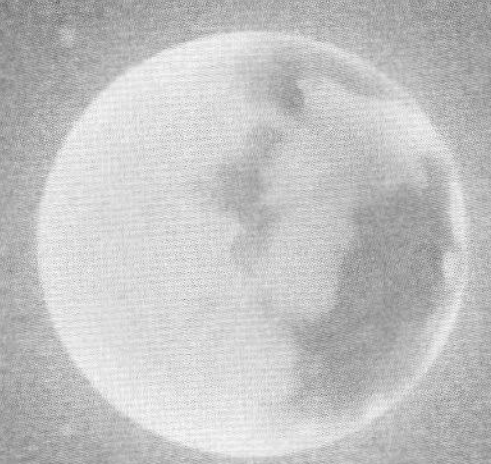

◆ **极光**

地球大气中变幻不定、熠熠生辉的彩色极光是由太阳射出的带电粒子导致的。

◆ **流星**

高速运动的小型岩状物质从太空进入大气层，因摩擦而燃烧，就成了流星。它们看起来像坠落的星星［因此得名“流星”（‘shooting star’）］。有些流星后面拖着一条闪亮的尾巴，可以维持一两秒钟。

◆ **月球**

月球是一个岩质球体，我们看到的月亮盈亏是太阳照射部位的变化所致。

◆ **太阳**

太阳是由高温气体构成的球体，也是离地球最近的恒星。凭借肉眼几乎看不到太阳表面的斑点。在日食的时候，我们能看到太阳延伸出的发光大气层。

◆ **行星**

五大行星形状与恒星相近，相对于作为背景的恒星而言，它们运动缓慢，离我们也更近一些。

◆ **彗星**

彗星是偶尔出现在地球附近区域的访客。彗星接近太阳的时候会生出一条尾巴。之后几个月，随着彗星逐渐远离太阳，这条尾巴就会渐渐消失。

◆ **恒星**

恒星是像太阳那样的由气体组成的炽热球体，但它们距离地球极其遥远。在个人短暂的一生中，它们相互间的位置将保持不变。

◆ **星云**

星云看起来像是光线微弱的团团云雾，实际上是宇宙中巨大的发光气体团。

◆ **银河**

银河是我们所处的星系，这是一个由恒星、气体和尘埃组成的盘状系统，看起来像是一条环绕天空的微弱光带。

◆ **星系**

银河系之外的星系也是由众多恒星、气体和尘埃聚集而成的，看起来像是团团云雾，肉眼条件下很难与星云区分。

01.2 旋转的天空

从旋转的地球上看，天空中的所有天体东升西落。恒星每23小时56分4.1秒环绕地球一周；这也是地球自转一周所需的时间。因为地球围绕太阳旋转一周需要一年时间，太阳似乎落后于其他恒星，每天大约要晚4分钟才返回到天空中同样的位置。因此，两个正午间的平均间隔是24小时。相对于其他恒星，太阳的下落位置稍微偏西。一年后，它才能回到在群星中最初的位置。

相对于地球围绕太阳旋转的轨道，地轴是倾斜的。在6月份，北极斜向太阳，北半球就是夏天，南半球则是冬天。一年之中，地轴倾斜的角度并不会改变。因此，当地球转到12月的位置时，北极远离太阳。此时北半球就是冬天，南半球则变成了夏天。

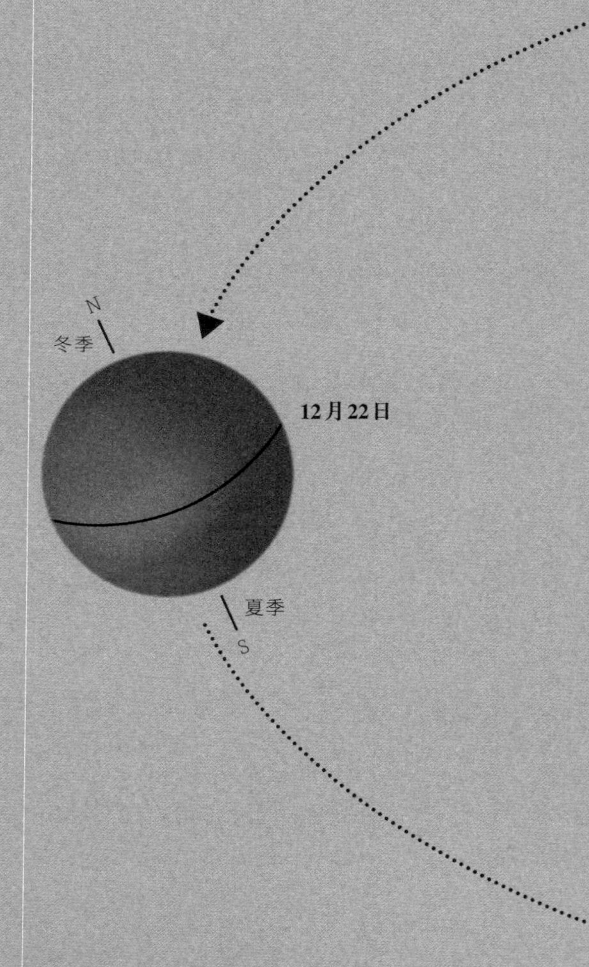

延伸思考

地球环绕太阳一圈大约需要365¼天。

当年份的数字可以被4整除的时候，我们在日历上加上额外的一天（整百的年份例外，它必须能被400整除才可以加上额外的一天）。闰年使历法与时节保持一致，将每3 226年的误差控制在一天之内。但是，到公元4000年有可能进行一次微调，这一年及其后是4 000的倍数的年份，就不再算作闰年了。这样就可以将每16 667年的误差控制在一天之内。

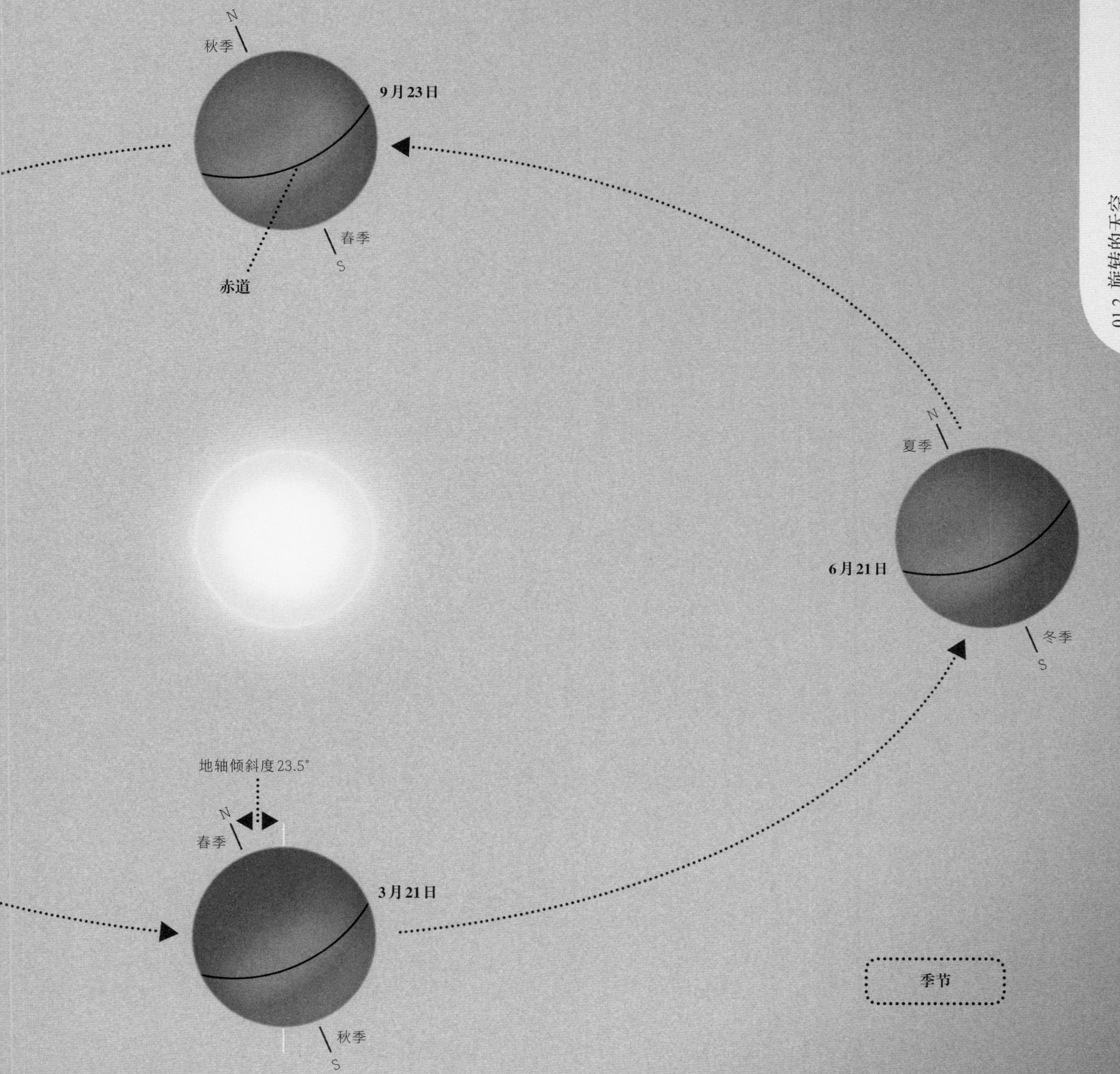
N
秋季
9月23日
春季
S
赤道
N
夏季
6月21日
冬季
S
地轴倾斜度23.5°
N
春季
3月21日
秋季
S
季节

01.3 图绘天体

在绘制天体分布图时，天文学家想象以地球为中心存在着一个硕大无朋的天球，所有天体在这个球体表面都有固定的位置。地球的两个极点上方是北天极和南天极，赤道上方对应的是天赤道。

天球以及太阳、月亮和行星看起来环绕地球自东向西旋转，但实际上，这是地球每天从西向东自转的结果。

同样，太阳似乎在年复一年地运动，而其他恒星似乎保持不动。实际上，这是地球围绕太阳运动的结果。太阳如此运转的轨道被称为黄道，由于赤道与黄道存在夹角，所以天赤道与黄道也存在夹角。

6月，太阳位于天赤道以北最远处，北半球比南半球得到更多的光和热，这就是北半球的夏天。这个位置被称为至点。太阳位于至点的时候，就是至日。12月的时候，太阳位于南边的至点，南半球也正处于夏天。

延伸思考

有人认为，夏季形成的原因是地球在此时比冬季时更靠近太阳，但他们忽视了：与此同时，在另一个半球恰恰是冬季。

实际上，地球在1月初——北半球冬季的中期——距离太阳最近，在6月——北半球的夏季——距离太阳最远。这意味着北半球的季节变化相比南半球要温和一些。

浑天仪

过去的天文学家利用浑天仪模拟出天空中假想的参考线。这些圆箍和圆环组合在一起，代表着天赤道、天极、黄道和其他的点与线。

01.4 宇宙的规模

在探索宇宙时，我们所面对的距离大得匪夷所思。为了便于理解，天文学家用光速来衡量距离。

光（还有无线电波以及其他形式的电磁辐射——见本书第54—55页）的速度在宇宙中是最快的，达到30万千米/秒。这意味着它能在1/7秒内环绕地球一圈。从月亮到达地球，光只需要1.3秒，从太阳到达地球则仅需8分多钟。宇宙飞船从太阳系最远的行星——海王星——发出的讯号，4小时多一点即可到达地球。

但光从其他恒星到达地球则需要很多年。光在一年中移动的距离是9.5万亿千米，这个距离被称为1光年。最近的恒星距离我们4.2光年（天文学家有时候也运用光秒、光分和光时作为距离单位）。在银河系中有些恒星距离地球数万光年，其他星系则在数百万光年之外。在可观测的最远距离处发出超强亮光的天体被称为类星体，它们的光要经过110亿年以上才能到达地球。

太阳
8.3光分

月球
1.3光秒

地球

延伸思考

公元前3世纪，古希腊科学家阿基米德对宇宙的大小做出了惊人的估计。他计算出的宇宙直径相当于现代科学标准下的2光年。就我们目前所知，这只是宇宙中极为渺小的一部分，但以他那个时代的标准来看，仍然大得不可思议。阿基米德接着估算，填满如此大小的宇宙所需的沙粒数量是10^{63}。

类星体4C 71.07
110亿光年

半人马座α星系
4.2光年

仙女座星系
250万光年

1光秒约等于30万千米
1光年约等于9.5万亿千米

01.5 记录天象的建筑

古人通过文字记载和口传神话记录下他们对于变动不居的天象的认识。有些时候，宏伟壮观的建筑也是他们记录天象的一种方式。

位于埃及吉萨的大金字塔大约修建于公元前2560年。金字塔的四面准确地对应着东、西、南、北四个方向，这需要天文学知识才能实现。公元前13世纪，埃及法老拉美西斯二世在阿布辛贝建造了神庙。一年中，阳光只能照进墓室两次，分别在10月21日（法老的加冕日）和2月21日（法老的生日）。此时，阳光会洒落在为两侧神像所翼护的法老雕像上。

公元1000年左右，在新墨西哥州的查科大峡谷，普韦布洛印第安人在一处被称为法加达孤峰[①]的裸露岩层上竖起了三块石板。太阳从石板间将“太阳匕首”——太阳的光束——投射到一个刻在岩石表面的螺旋状的符号上。图案中“匕首”的特定位置分别标示了夏至、冬至和二分日。

公元前300年左右，在爱尔兰共和国东部的纽格兰奇，一座大型的土墩墓建成了。其入口通道恰好对着冬至时的日出方向。在冬至前后几天，阳光可以短暂地照进墓地几分钟。

或许，最为著名的具有天文学用途的古建筑是位于英国南部的巨石阵。虽然仅仅是曾经矗立在那里的由木材和石头组成的巨大建筑群的遗迹，但到今天它仍然使人叹为观止。土木建筑的历史可以追溯到公元前3000年，但直到约公元前2600年，石头才开始用于建筑。巨石阵中最大的石头重量超过了50吨。长期以来，人们认为部分石柱是从250千米外的威尔士运过来的，但是这一观点存在很大争议。

毫无疑问，巨石阵是为了多种社会和宗教目的而建造的。我们对此知之甚少，但有些仪式似乎与夏至有关。该建筑的主入口朝向东北，这是夏至的日出方向。在夏至日，从巨石阵的内部可以看到太阳自石圈外的踵石[②]上升起。

---

① Fajada Butte，一座位于美国新墨西哥州西北部的查科文化国家历史公园内的孤峰，海拔约为2 019米。虽然山上没有水源，但是在其较高的区域有悬崖屋的废墟。——译者注（在下文中，未经特别注明的注释皆为译者所加。）

② Heelstone，矗立在巨石阵石圈以外的一块巨大岩石，距离巨石阵中心约77.4米。它的剖面接近矩形，整体周长7.6米，重约35吨。

延伸思考

人们发现，巨石阵诸多特征的方位指向都与重要的天文现象一致，这难免会让人想到巨石阵的建造者得到了外星人的指点。实际上，当你研究了大量的案例之后，不难发现这些图案只不过是巧合造成的臆想罢了。2010年，数学家马特·帕克研究了零散分布在英国各地的800个重要文化场所的位置，发现了很多种排列和图案。这些所谓的文化场所其实就是伍尔沃斯商店。

01.6 天空中的图画

对于大多数人而言，天上的每个星座都代表着一个形象。它们是根据星座图案与现实或者神话中的人、动物以及物体之间的相似性——通常一点都不像——想象出来的。在天文学中，星座各自代表着依照国际定义为天空划分出的88个区域之一。在这88个区域中，有48个对应于古希腊天文学家克罗狄斯·托勒密在公元2世纪记录的星座，其中一些可追溯到公元前1000年以前美索不达米亚的天文学家的研究。后来的天文学家对托勒密记录的星座进行了修改。

当欧洲人在赤道以南航行时，他们首次观察到了最南端的天空，并且发现了一些新的星座，其中包括用现代物品命名的“时钟座”“显微镜座”和“望远镜座”。

每个星座都有一个拉丁文名称，星座中最亮的星星都各有一个传统名和学名。学名由α、β、γ等希腊字母以及该星座的拉丁文名称组成。例如，狮子座中最亮的星星的传统名是“雷古斯”（Regulus），学名叫狮子座α星（英文为Alpha Leonis，“Leonis”的意思就是“狮子座的”）。这些星座的图示在本书第214—215页。

狮子座

大熊座

延伸思考

澳大利亚原住民用想象出的星座形象填满了他们的天空，诸如独木舟之类，后者是我们所说的猎户座的一部分。但是，他们也会想象银河系黑暗区域的轮廓，其中一个就叫作“鸸鹋”。

天空的轮廓

过去，人们习惯用美丽精致的图画在星图册中展示星座。而在这个注重实用性的时代，人们则用直线连接星座的主要恒星（此处的星座并不显示彼此间真实的相对位置）。

01.7 北天区

一年之中，北半球的人们可以看到整个北方的天空和部分南方的天空。如果他们居住在北纬40度——欧洲南部或美国中部的纬度，那么最远可以看到天赤道以南50度。对于身处该纬度的观测者而言，在北天极40度以内的恒星永远不会落下——它们被称为拱极星。其中最引人注目的是大熊座和仙后座。北极星——英文名为The Pole Star，也被称为the North Star或者Polaris——靠近北极点，这个位置也是小熊座的尾巴末端。

星座随着季节的变化向南移动。夏季，天空中会出现被称为“夏夜大三角”的三颗明亮的恒星。它们属于不同的星座，分别是：天鹰座的牛郎星、天鹅座的天津四以及天琴座的织女星。冬季，猎户座是天空的主宰。

大熊座

我们熟知的北斗七星是星群，即未被正式划分为星座的一组特殊的恒星。北斗七星只是它的主星座大熊座的一部分，每天围绕北天极逆时针旋转。其末端的两颗恒星大致指向北极点，被称为指极星。

延伸思考

在可靠的钟表发明出来以前，白天人们通过太阳的位置确定时间，夜晚则通过其他恒星的位置确定时间。

“夜间计时仪”是一种袖珍设备，可以转动刻度盘来设置日期。将中间的小孔瞄准北极星，使指针与选定的恒星——通常是北斗七星中的指极星——对齐。之后就可以通过指针来测算时间了。指极星到达同一位置的时间相比太阳更加稳定，所以这种“星晷”比日晷更加精确。

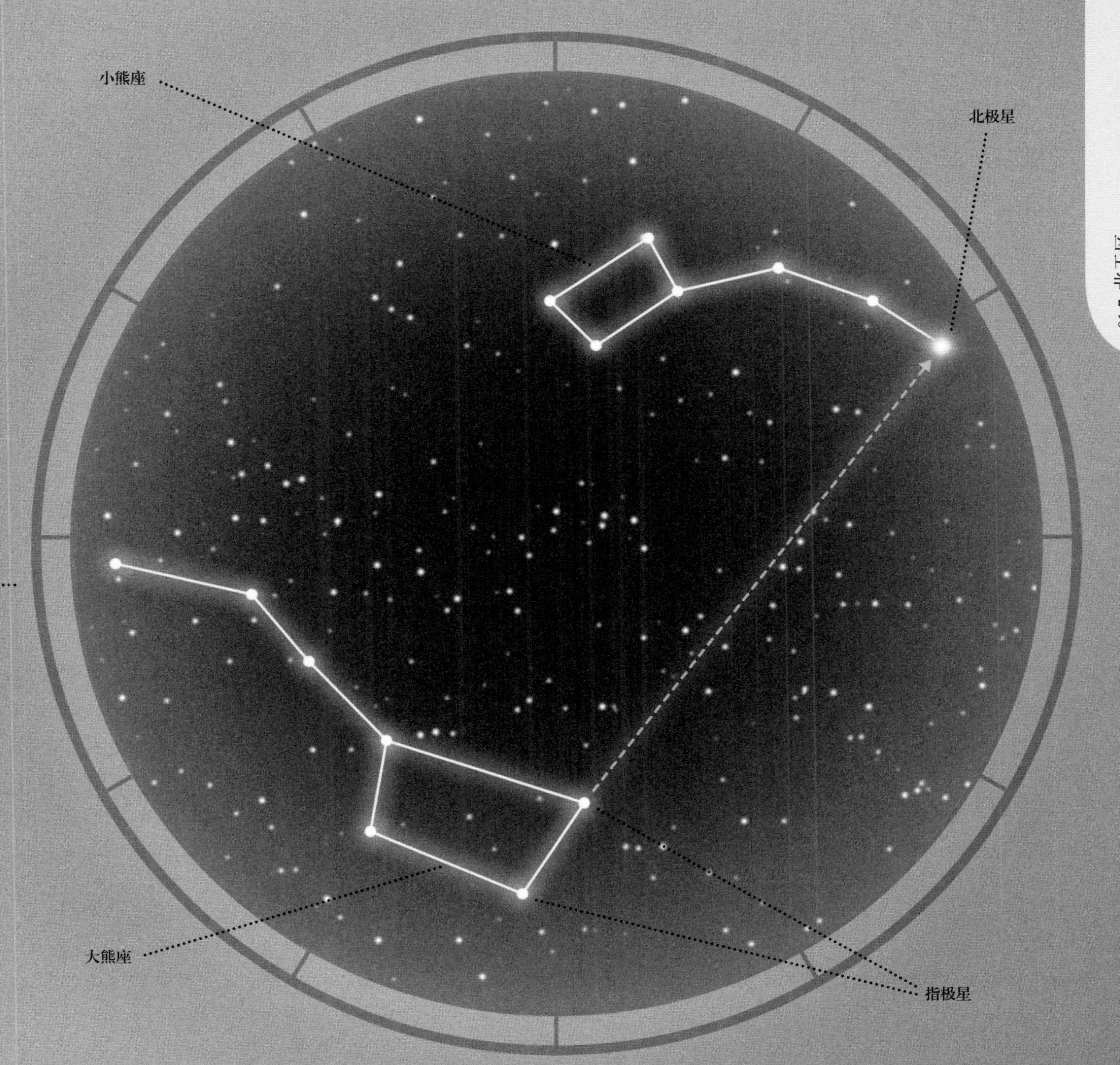
小熊座
北极星
大熊座
指极星

01.8 南天区

从南半球放眼望去，天空似乎围绕着南天极旋转。南极点上空没有明亮的恒星，但有一个明亮的小星座，即南十字座，它可以为旅行者指引方向。对于身处南纬40度——澳大利亚南部及南美洲南部的纬度——的观测者来说，距离南极点40度以内的恒星都是绕极运动的。这些星座包括船底座和半人马座的一部分。

仰望天赤道，处于南纬40度的观测者可以看到北纬50度的天空，因此他们看到的天空中不断变化的星座，和处在北半球中纬度的人看到的并没有什么不同。只不过他们在夜里看到星星从右边升起，左边落下，北半球居民看到的则正相反。

延伸思考

当你在南半球航行，并且依靠恒星辨别方向的时候，你可能会被赝十字误导。它不是星座，因为星座是夜空中轮廓分明的天文区域。它实际上是一个星群，不过是一个由恒星构成的图案罢了。赝十字由来自船底座和船帆座的四颗恒星组成。相较于南十字座，这一组恒星更暗淡，也更分散，并且有四颗主要的恒星，而非五颗。

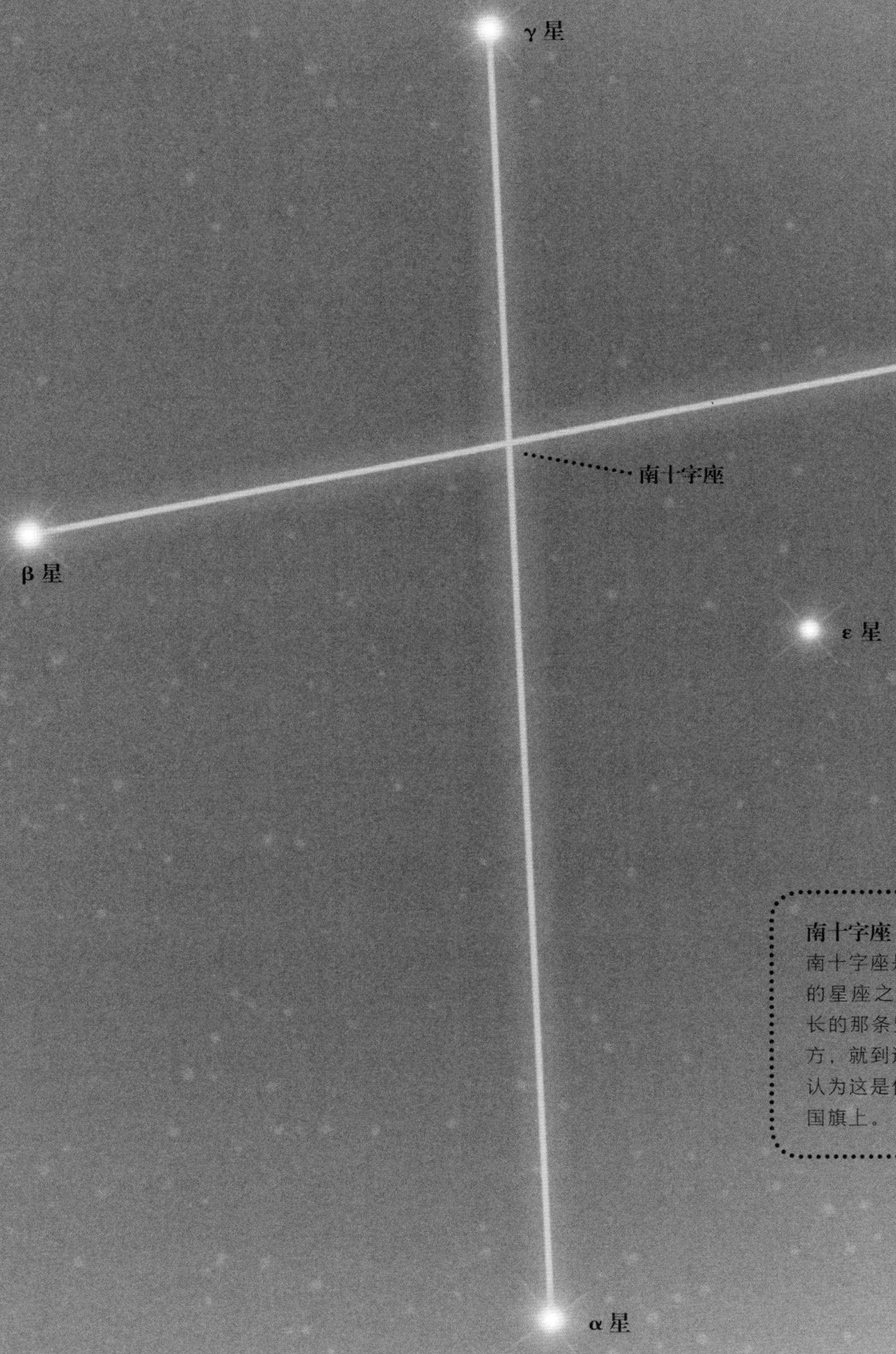

γ 星

δ 星

南十字座

β 星

ε 星

α 星

南十字座

南十字座是最小的星座，却也是最明亮的星座之一。如果沿着“十”字形较长的那条竖线延伸至其4.5倍长度的地方，就到达了南极点附近。澳大利亚人认为这是他们的星座，因此把它画在了国旗上。

01.9 黄道带：生命的循环

即使是反感占星术的人也知晓黄道十二星座的名字。除了一个星座之外，其他所有星座都代表着现实或神话中的动物与人物，所以黄道带（zodiac）这个词最初来自希腊语中的“生物”。黄道带由12个星座组成，太阳会在一年之中依次经过它们。

占星师将太阳的移动路径分为12个部分，并称之为“宫”，分别对应12个星座。尽管星座大小各异，这些宫的大小却是相等的。占星师认为，每个人的性格和命运受其诞生时太阳所处宫位的影响。奇怪的是，占星师所谓的“宫”已经与现在天上的“宫”脱节了。地轴的“摆动”被称为岁差，这意味着每过2 150年，太阳经过每个星座的时间就会晚大约一个月。例如，据说巨蟹宫原本始于6月23日左右，但现在太阳要到大约7月21日才进入巨蟹宫。

延伸思考

蛇夫座是黄道带上的第13个星座，插在天蝎座（占星名：the Scorpion）和人马座（占星名：the Archer）之间。有的占星师使用黄道十三宫图，甚至还有一种黄道十四宫图，包括鲸鱼座，它的尾巴在双鱼座（占星名：the Fishes）和白羊座（占星名：the Ram）之间。无论占星师如何花样翻新，科学家们永远不会当回事。

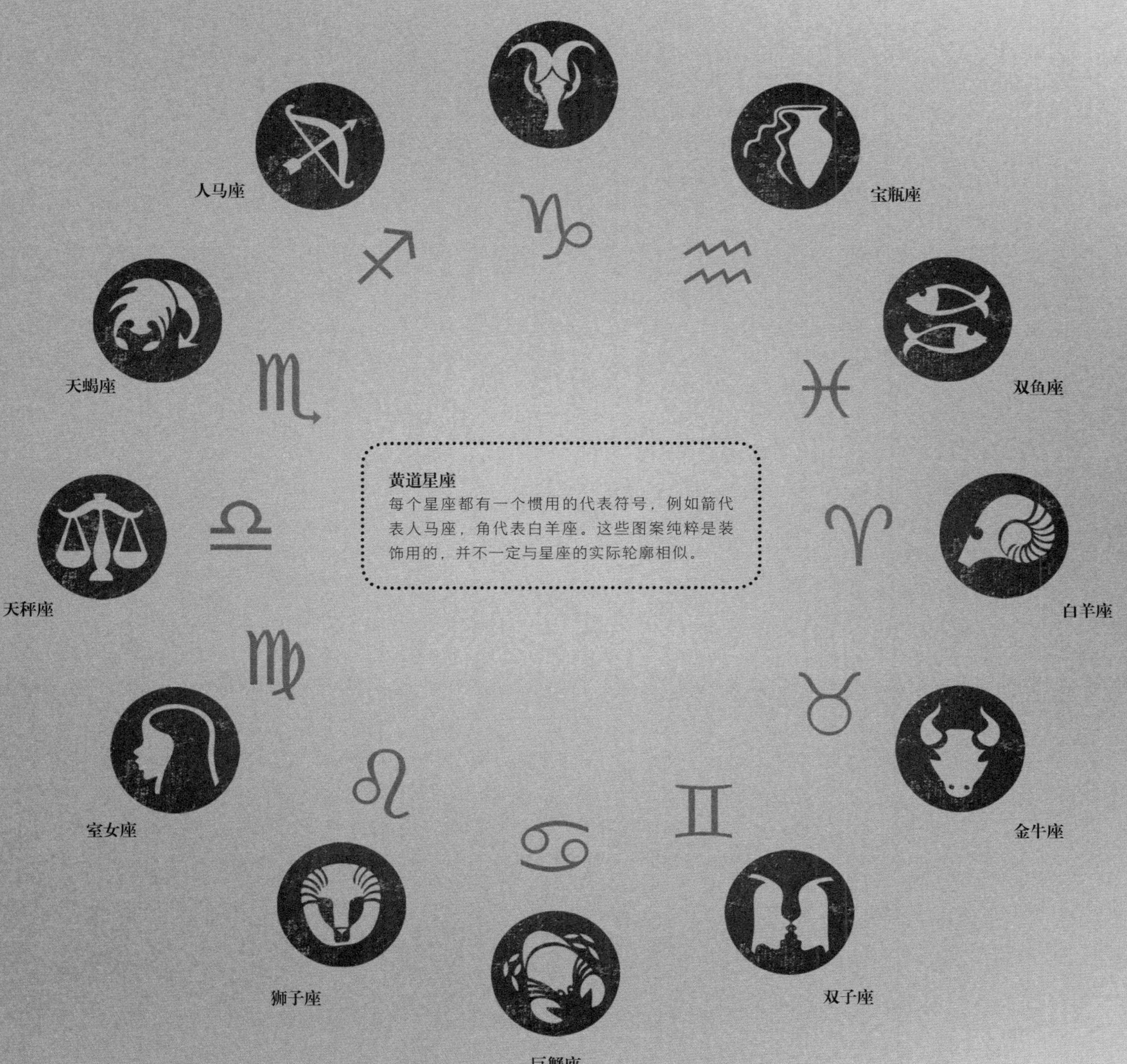

黄道星座

每个星座都有一个惯用的代表符号，例如箭代表人马座，角代表白羊座。这些图案纯粹是装饰用的，并不一定与星座的实际轮廓相似。

01.10 人造的天空

人们曾尝试通过示意图或者地球仪去摹写天空的特征，但是，人类征服天空的最高境界是制造出反映其复杂运动的模型。人们用一种叫作星盘的中世纪仪器描绘了天空的旋转，其中阿拉伯工匠制作的星盘尤为精美。

17世纪开始，钟表制造业的发展使得制作太阳系的机械模型成为可能，这种模型的制作基于一种全新认识：地球围绕着太阳旋转。精美的手摇机器展示了地球、月球、行星以及当时新发现的其他行星的卫星，它们以太阳为中心旋转。桌面大小的模型虽然很难容纳真实规模的轨道，但是可以显示出其相对速度。例如，火星围绕太阳旋转一周的时长大约是地球的两倍。

20世纪，电子技术创造了一种错觉，让参观者在舒适的天文馆内也能仿佛置身于广阔天空之中。现代天文馆不仅展示了在地球上凭借肉眼可以看到的景象，还能使参观者进行一次“虚拟现实”的飞行，穿越星际，飞出银河。

火星

月球

太阳

延伸思考

1902年，在希腊安提凯希拉岛附近的一艘水下沉船中，人们打捞上来一个沉睡了2 000多年的、锈蚀严重的圆盘形青铜机械装置。经过几十年的研究，考古学家们认为它实际上是一台极为精密的机械计算机。

在机器中输入日期，就可以显示出太阳、月亮，或许还有肉眼可见的五颗行星的位置，甚至可以通过它预测日食。

土星

天王星

海王星

天文馆

参观者可以在天文馆观看模拟的天体运动。在传统的天文馆里，图像由巨大且旋转的、形似昆虫的投影仪投射而成。现代天文馆则使用不显眼的数码投影仪。

01.11 望远镜里的天空

当你通过双筒望远镜或普通望远镜——哪怕是一副迷你的——仰望夜空时，视野会有所变化。

- 可以观测到成千上万更多的恒星。例如，肉眼观测下只有几颗恒星的北斗七星实际上是一个大型的恒星广场。
- 恒星更加明亮，以至于能分辨出它们的颜色，但看起来仍然是一个个光点。
- 银河看起来不再是一条光带，而是一片由成千上万颗渺茫的星星构成的原野。
- 星团的组成看起来更为丰富。有些恒星看起来不止一颗，而是两颗、三颗，甚至由更多的星星组成。
- 月球变成了由陨石坑、山脉和平原组成的世界。
- 行星看起来不再是光点，而是圆盘状的。
- 星云和星系变得更亮、更大且更多——尽管只有倍数足够的望远镜才能真正显示出它们的结构。

警告!

即使只是透过普通望远镜或双筒望远镜快速地瞥一眼太阳，也会对眼睛造成永久性伤害。只有在太阳落山后或者升起前，才能把望远镜朝向天空。本书第98页有使用望远镜观测太阳的详细建议。

尽量在远离城市灯光处使用普通或者双筒望远镜，这将大大增加夜空中可见天体的数量，提高观测的清晰度。

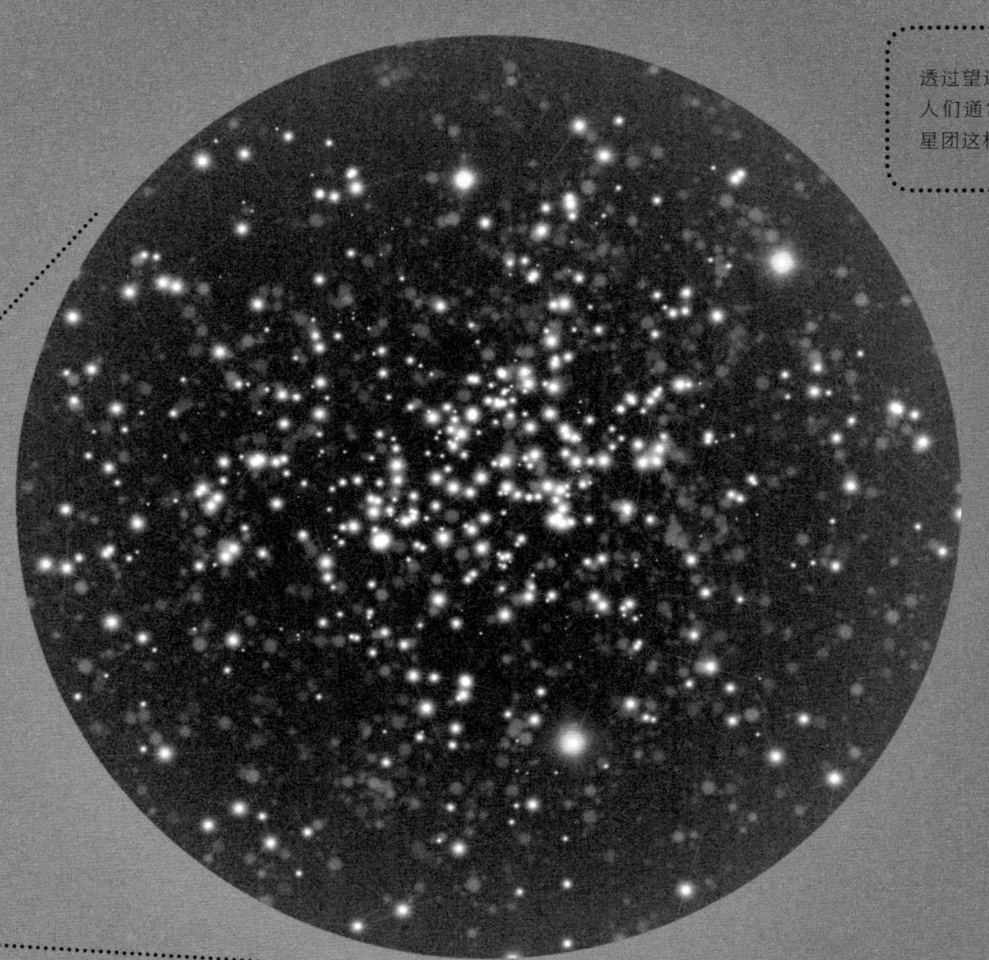

透过望远镜看到的星团非常壮观。人们通常用诸如宝盒星团、蜂巢星团这样的名字来形容它们。

延伸思考

天文专用望远镜里呈现的图像是颠倒的，但这并不妨碍什么。如果要呈现出正常的图像，则需要额外的镜头，这会轻微地影响图像的清晰度。为了与通过望远镜观测到的图像保持一致，印刷出来的月亮地图方向一般是上南下北。

01.12 肉眼看到的天空

即便没有普通望远镜或者双筒望远镜，一年当中无论哪个夜晚，仰望星空，都可能使你兴致盎然。

如何了解星座：

- 准备一本便于观星时借助手电筒查看的天文观测袖珍手册。
- 如果要观测一年中天空的变化，那么活动星图是一个方便的指南。你可以在星图上转动一个由透明胶片制成的、代表可见天空的窗口。把窗口设置为当下的日期和时间，你就可以看到此时哪些星星会出现在地平线以上。
- 如果你有智能手机，可以下载一个星象观测的应用程序。当你把手机举向天空的某一方向，只要手机内置了磁场传感器，有些应用程序就能识别出这片区域的天体。
- 记住天极周围的恒星和星座，这些重要的“路标”全年可见。也要记住赤道附近的恒星和星座，但它们的出现具有季节性。

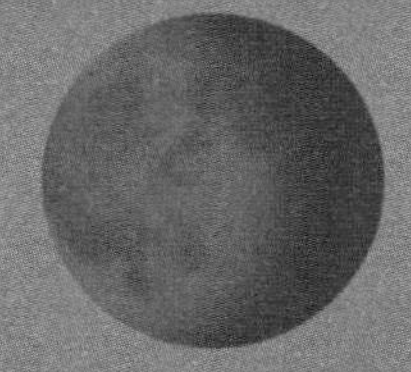

和同伴一起眺望星空既有乐趣，又有教益，还会促使你神游万里，去探索更加幽暗的太空。

延伸思考

观测星星时要尽可能远离城市的灯光。约翰·E.博尔特的“夜间天空亮度”将夜空的黑度划分成了1级（最黑）到9级（光污染最严重）。只有在海洋中央、高山顶峰和荒野深处才能看见1级的天空。在这些地方，银河系最明亮的部分清晰可见。在6级的天空（“明亮的郊区”），银河系就只是刚刚能分辨出来了。

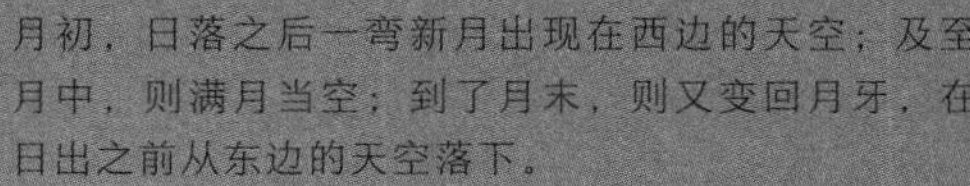
月初，日落之后一弯新月出现在西边的天空；及至月中，则满月当空；到了月末，则又变回月牙，在日出之前从东边的天空落下。

天空中的大事件

- 通过报纸，以及astronomynow.com、skyandtelescope.com，还有astronomy.com之类的网站，可以了解常规的天文现象，看看在接下来的一个月里哪些行星和星座会格外明亮。
- 流星雨会在每年的固定时间出现，有关新闻也会提前提醒你。

01.13 用仪器观测天空

如果你已经使用双筒望远镜观看过体育比赛或者观察过鸟类，那么今晚可以把它对准天空，你会发现一幅激动人心、宏伟壮阔的宇宙图景。最专业的发烧友会使用望远镜，在添置装备之前，一定要仔细地做一番功课，这样才能买到最合用的那一款。

普通望远镜和双筒望远镜的优劣取决于它们的放大率以及物镜（主镜）或反射物镜的规格。放大率越高，你看到的月球、行星和其他天体（例如星团、星云和彗星）的图像就越大。但是，无论放大率有多高，恒星看起来仍旧是一个光点。物镜越大，仪器的聚光能力越强，图像也越亮。

或许你认为放大率越高越好，但如果你只能看到天空的一小部分，则很难找到目标。高放大率也会使图像变暗，所以需要更强的聚光能力。这也要求设备安装更多的部件，以防止图像抖动。带有图像防抖功能的双筒望远镜更有利于观察天文现象，但是价格昂贵。

一台望远镜可能是反射望远镜，也可能是折射望远镜（详见第48—49页）。一些受欢迎的业余望远镜是反射式与折射式的结合，但更先进的天文望远镜往往是反射望远镜。

延伸思考

廉价的望远镜常常打出配备大尺寸物镜的广告误导消费者。劣质的物镜后面是可变光圈，它是一个将镜头的有效宽度减小到中央的圆环。这样可以消除图像中的某些缺陷，代价是图像会比广告所暗示的更模糊。

当你的天文学探索越来越认真时，你需要的相关装备也会越来越多。这包括：

- 一个三脚架。
- 一系列具有不同放大率的目镜。
- 一台附在望远镜上的相机。
- 一台能驱动望远镜以跟踪物体移动的马达。
- 用计算机控制望远镜瞄准。用户输入要观察的天体或位置的名称，计算机会在屏幕上显示手动移动望远镜的方向，或者直接用马达驱动望远镜。

普通的数码相机或者专门的天文相机都能连接望远镜。夜间几个小时下来，可以拍摄不少照片。

普通的双筒望远镜会使得像仙女星系这样昏暗的、漫射的天体看起来更大更亮。

第二章

突破

02.1 “大轮”套“小轮”

很早以前，一些古希腊思想家就猜测地球会自转，并且在太空中移动。公元前5世纪，哲学家菲洛劳斯认为，不仅仅是地球，太阳、月球还有其他行星也围绕着一团巨大的火焰旋转。我们之所以看不到这团火焰，是因为它在地球的另一侧，刚好背对我们所处的位置。公元前3世纪，古希腊萨摩斯的天文学家、数学家阿利斯塔克认为，太阳位于中央且位置固定，地球和其他行星围绕太阳旋转。他因为提出地球运动的理论而被指责离经叛道。

实际上，亚里士多德早在公元前4世纪就已提出了更具影响力的学说。在他的宇宙学中，天空由几十个相互连接的球体构成，这些球体常规的圆周运动导致了行星的复杂运转，后者就固定在其中某些球体上。

公元2世纪，古代最伟大的天文学家托勒密通过计算绘制出了亚里士多德的宇宙构想图。托勒密试图组合简单的圆周运动以展示复杂的行星运动。每颗行星都旋转，但并不直接围绕地球，而是在一个被称为“本轮”的圆形轨道上运动。所有本轮的中心依次围绕地球旋转。经过长时间的调整，托勒密体系比此前任何一种系统都更好地预测了行星的运动，这一理论直到16世纪仍然在天文学界盛行。

延伸思考

为了确保行星准确运动，托勒密必须使每颗行星的圆形主轨道都“偏心”，即按不同的角度偏离地球中心。更严重的是，行星必须以变化着的速度在各自的圆形轨道上运转。这一观点冒犯了某些思想家，因为他们认为天体的运动是均衡完美的。

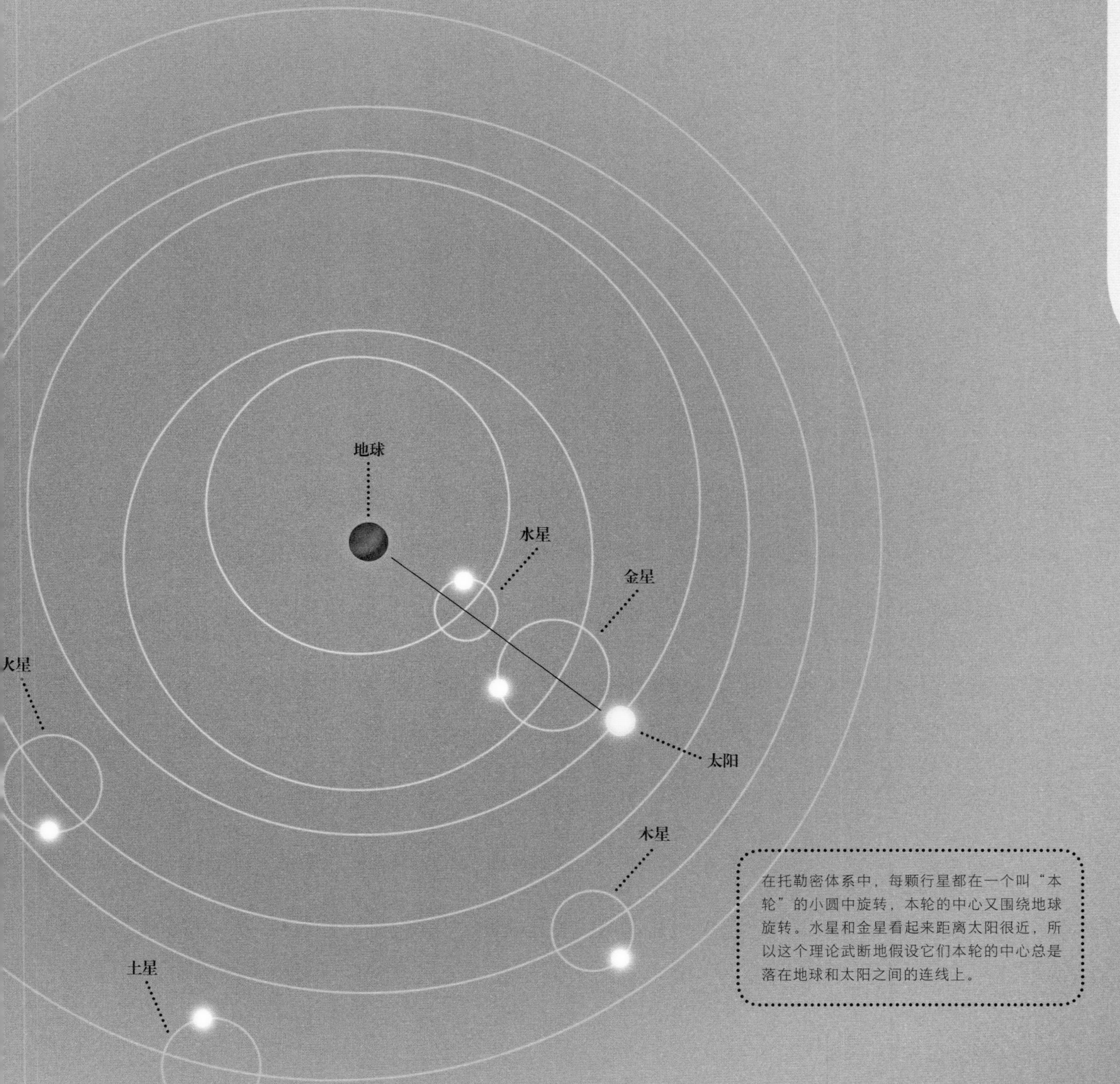

在托勒密体系中，每颗行星都在一个叫“本轮”的小圆中旋转，本轮的中心又围绕地球旋转。水星和金星看起来距离太阳很近，所以这个理论武断地假设它们本轮的中心总是落在地球和太阳之间的连线上。

02.2 地球的运动

15世纪，在托勒密的思想流行了1 300年后，一位德裔波兰教士尼古拉斯·哥白尼颠覆了天文学，从而引发了一场科学革命。

哥白尼并不反对托勒密的周期和本轮理论，但是他强烈反对托勒密认为行星以非匀速运动的观点。他提出，如果把太阳固定在宇宙中心，或者靠近中心的位置——为了能够自圆其说，他不得不使太阳稍微偏离中心位置——这整个体系就会简单得多。哥白尼只使用正圆来描述行星的运动，他所使用的本轮比托勒密还多。

虽然他的体系在细节上并不比托勒密的简单，但是哥白尼对太阳系的整体构想进行了重要简化。

- 水星和金星的轨道在地球的轨道之内。这就解释了为什么它们看起来更加靠近太阳。
- 带外行星有时候看起来会减速和倒退（这被称为“逆行”）。这种情况只有当行星和太阳在天空中反向而行的时候才会发生，但托勒密对此并没有做出令人信服的解释。哥白尼理论解释说，这是由于地球“超过”了移动得较慢的带外行星。

哥白尼一直在演讲中宣传他的构想，但是直到他去世的那一年，才出版了关于这一体系的书。他的观点被自由地讨论着，直到下一个世纪，教会开始限制对太阳中心的宇宙观的教授。

延伸思考

在哥白尼体系中，通过观测逆行现象，很容易计算出行星轨道的相对大小。哥白尼由此发现，太阳到木星的距离大约是到地球的距离的五倍。那时还没有人能够计算出实际距离到底有多远。

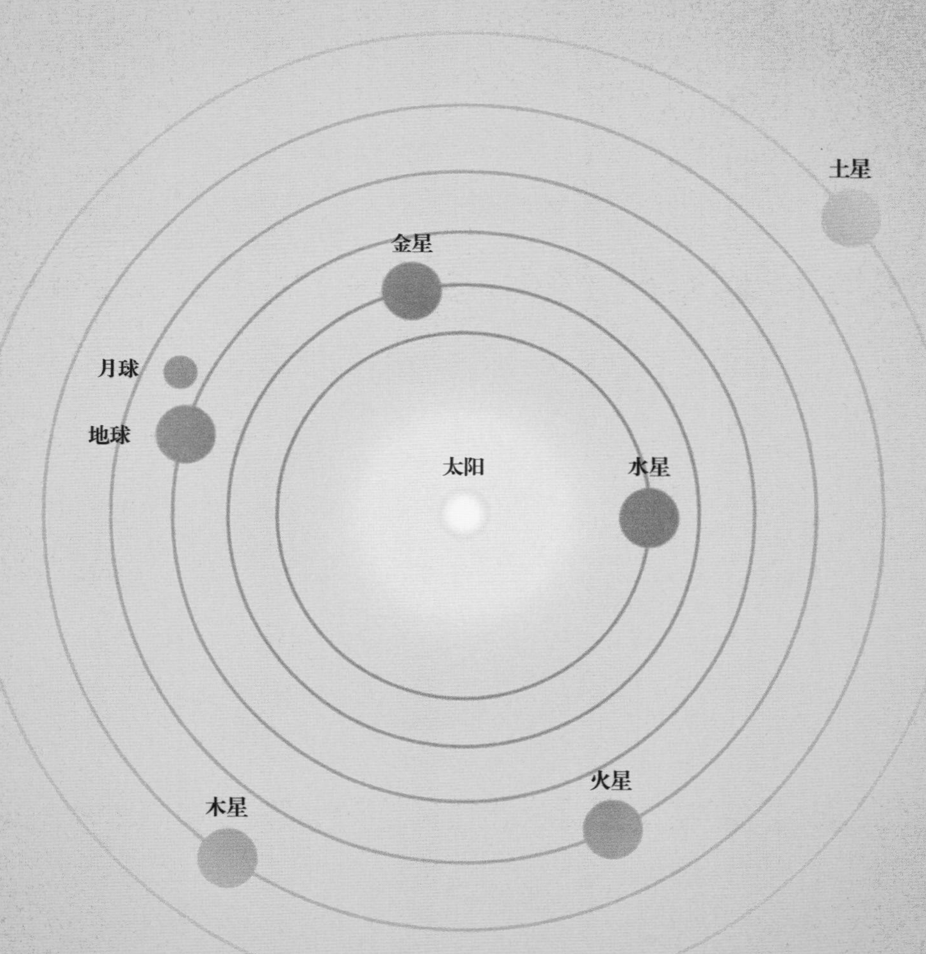

在哥白尼体系中，太阳是太阳系的主宰。所有的行星都围绕太阳旋转；只有月球围绕地球旋转。

02.3 行星运动的定律

公元1600年，德国一位杰出的天文学家约翰尼斯·开普勒开始担任第谷·布拉赫的助手。后者是最后一位建树卓著的、凭借肉眼绘制天文图的伟大人物。布拉赫去世后，在其精密观测的基础上，开普勒孜孜以求，总结出了行星运动三大定律。

- 开普勒第一定律打破了天文学家几千年来对正圆的痴迷。他提出每颗行星的运动轨迹都是一个扁平的椭圆。太阳并非位于椭圆中心，而是偏向一侧。
- 开普勒第二定律认为，太阳与太阳系各行星之间的直线在相同时间内扫过的面积相等。这意味着行星离太阳越近，速度越快（见图）。
- 开普勒第三定律把行星环绕太阳公转的时间——它的“年”——和它与太阳的距离联系起来。

开普勒关于行星运动的构想独具新见、要而不繁。剩下的问题就是想办法解释行星为何如此运动。

延伸思考

第一部科幻小说可能是开普勒写的。他的作品《梦》讲述了一位天文学家在他女巫母亲的帮助下踏上月球之旅的故事。这个故事给开普勒的母亲带来了不少麻烦，她因通晓巫术而受到审判。在开普勒的辩护下，她最终得以释放。

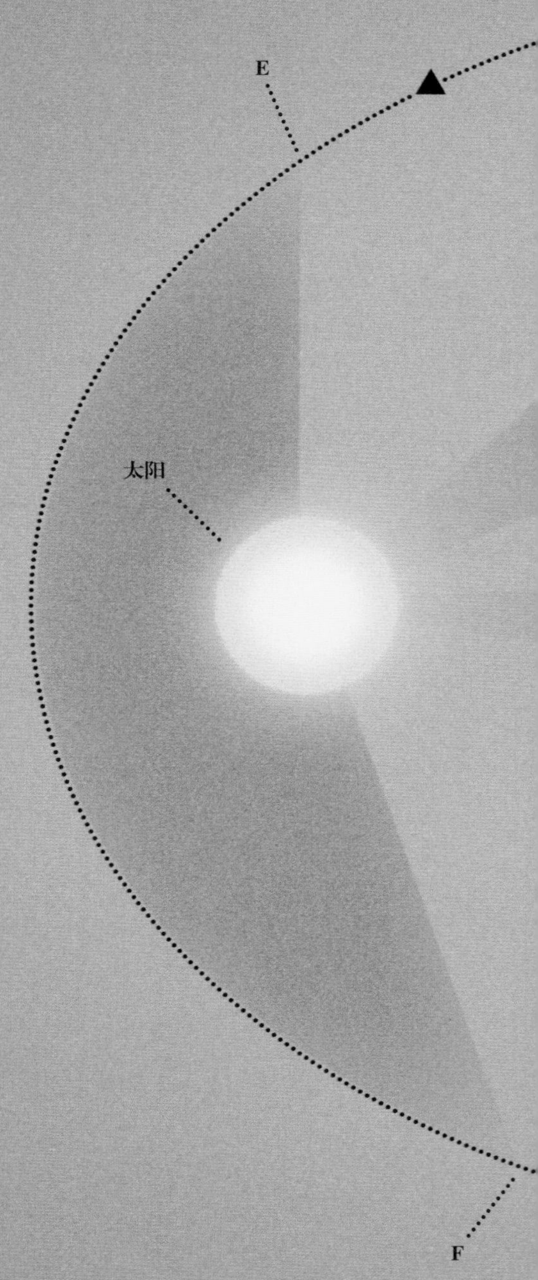

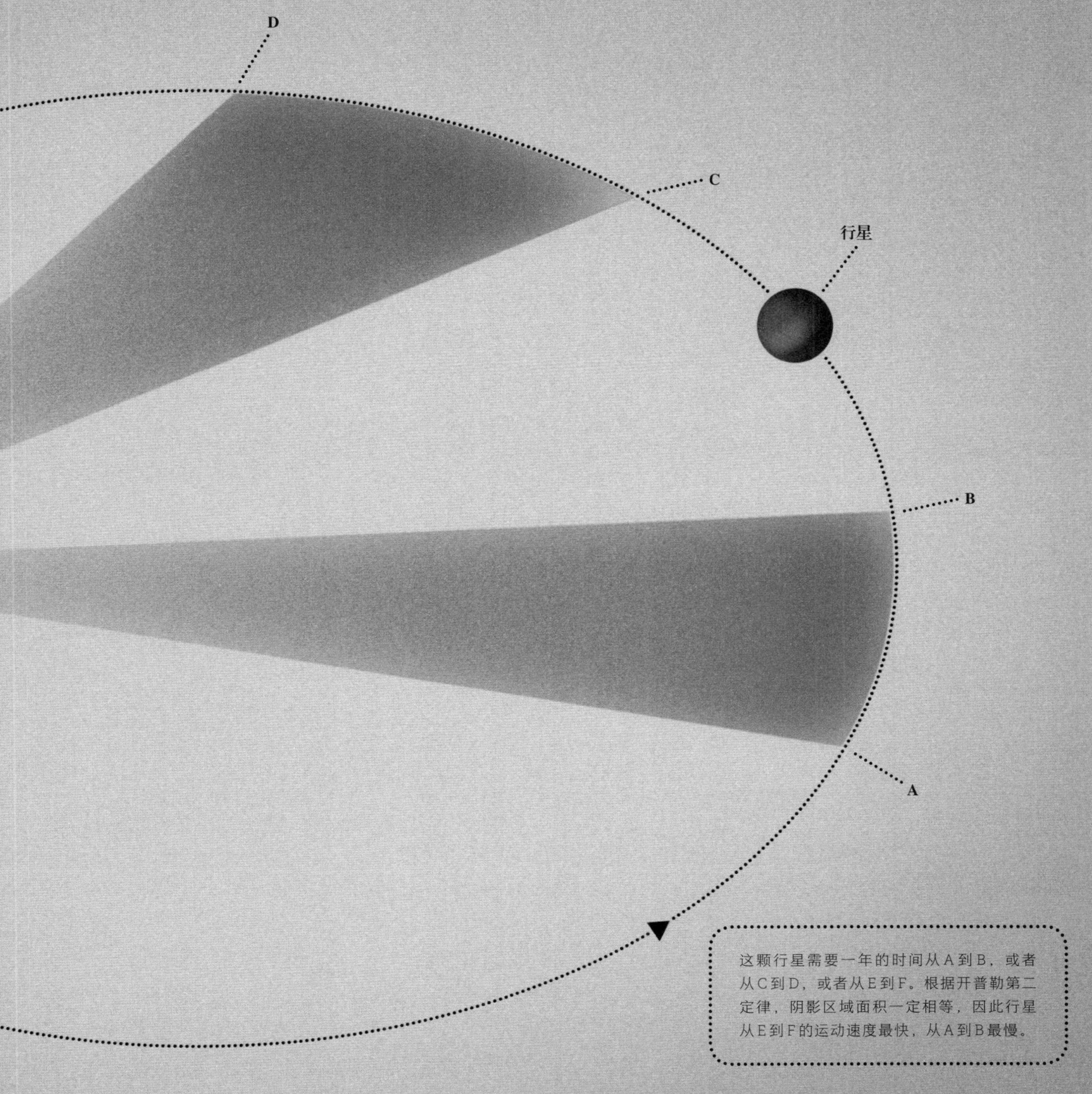

这颗行星需要一年的时间从A到B，或者从C到D，或者从E到F。根据开普勒第二定律，阴影区域面积一定相等，因此行星从E到F的运动速度最快，从A到B最慢。

02.4 “天眼”

在1609年的佛罗伦萨，桀骜不驯的物理学教授伽利略·伽利雷听闻一位荷兰眼镜师发明了一种新工具。这种被称为“望远镜”的东西由安装在一个筒子里的透镜组成，据说它可以使远处的物体看起来更近。仅仅借助这些只言片语的描述，伽利略就自己制作了望远镜，并且用于天文观测。这使他掌握了极具杀伤力的武器，足以推翻当时仍然大行其道的古代物理学和天文学。

伽利略的发现有：

- 宇宙中的恒星成千上万，但是因为太暗淡了，所以肉眼看不到它们。何必迷信那些对此一无所知的古人呢？
- 金星和月球一样，在相位上有变化，这证明它是围绕太阳旋转的，而不是托勒密认为的在地球和太阳之间运动。
- 人们习惯地认为太阳是完美的，实际上它有一些斑点。
- 有四颗卫星环绕木星旋转。这一点超乎传统天文学的想象。

延伸思考

伽利略曾两次观测到海王星。但是他根本不知道，这并非一颗不起眼的星星。海王星是在1846年才被发现并确认为行星的。

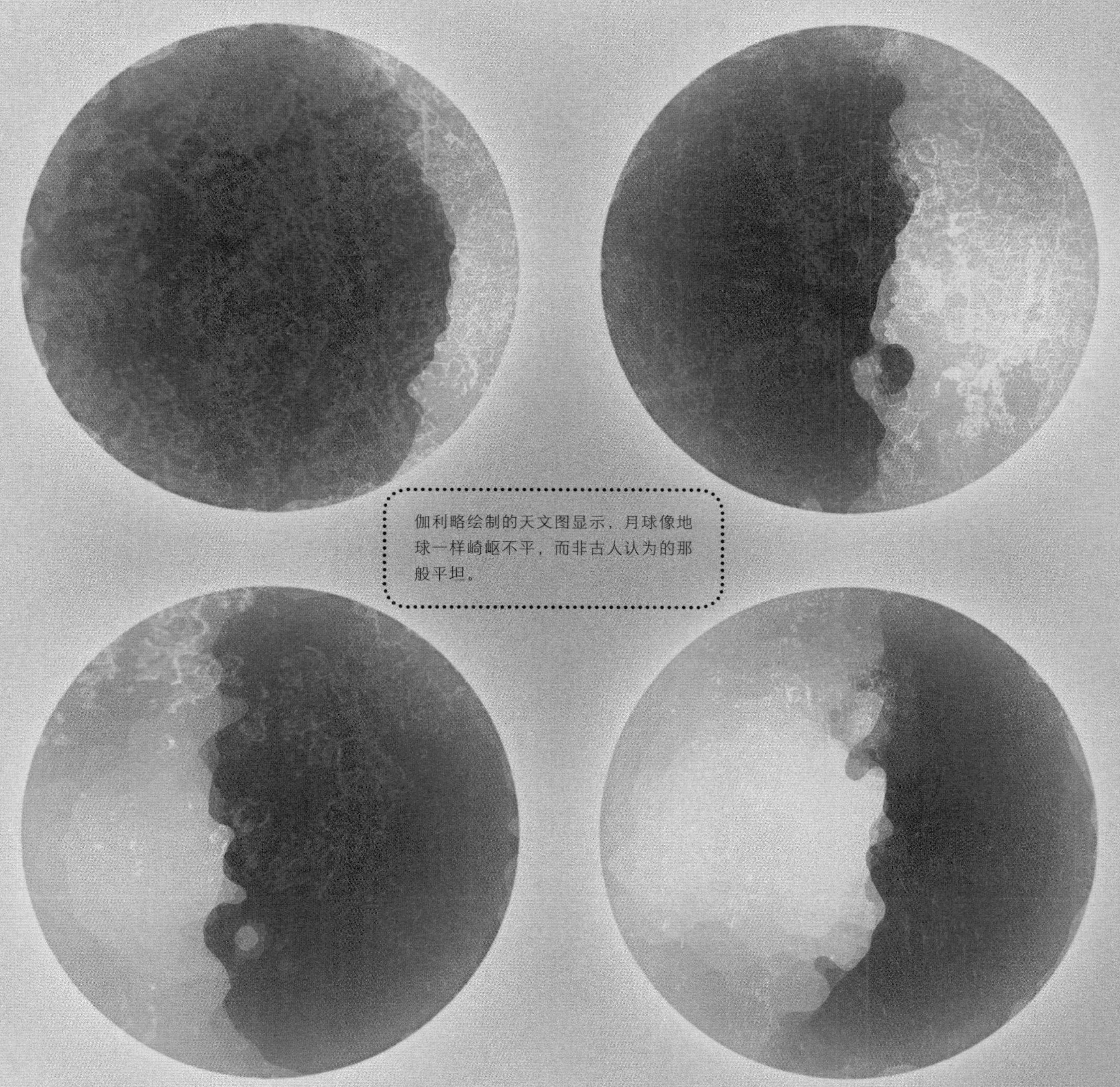

伽利略绘制的天文图显示，月球像地球一样崎岖不平，而非古人认为的那般平坦。

02.5 宇宙中的引力

1687年，在艾萨克·牛顿发表了万有引力定律之后，哥白尼、开普勒和伽利略的发现变得越发意义重大。

牛顿提出了一个惊人的论断：宇宙中的所有物质都互相吸引。所以不仅地球吸引着你，月球、太阳和其他行星也是如此。尽管由于相隔遥远，我们察觉不到它们的作用。

此外，在太阳系中，每个天体都吸引着其他所有天体。这就是木星能够像伽利略发现的那样，使卫星围绕着自己旋转的原因。太阳和地球相互吸引，因为太阳的质量更大，所以地球围绕太阳旋转，而非反之。

简单地说，物体的质量就是物体中物质的量。物体的质量有两种表现形式：首先是它对另一个物体的引力大小，其次是它对运动的反作用力。因为拥有超大的质量，太阳的引力与反作用力都很强。不过，由于包括地球在内的所有太阳系行星的拉力，实际上它也会轻微晃动。

延伸思考

1798年，通过测量一对大铅球和一对在悬吊着的细杆两端摆动的小铅球之间的吸引力，特立独行的英国贵族亨利·卡文迪什“称量了地球”。他将这种微弱的效应与地球引力的强度进行了比较，最终算出的地球质量与现代科学测定的质量（即5.9742×10^{24}千克）之间误差不到1%。

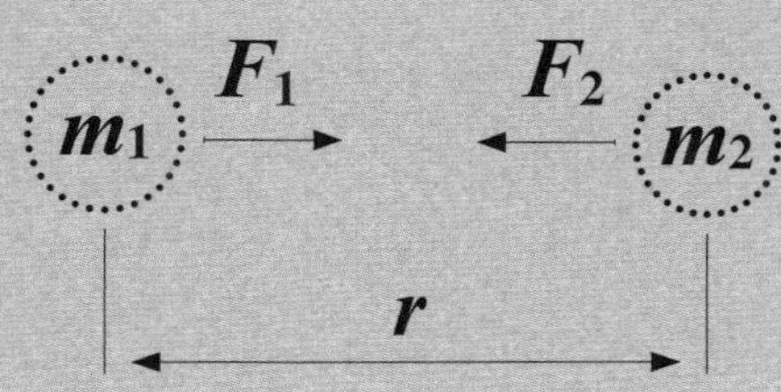

$$F_1 = F_2 = G\frac{m_1 \times m_2}{r^2}$$

牛顿的万有引力定律讨论的是一个物体对另一个物体的引力：

- 引力与质量m_1正相关；
- 引力与质量m_2正相关；
- 引力与距离的平方r^2负相关（如果r变成原来的2倍，引力就会减少到原来的1/4；如果r变为3倍，引力就会减少到原来的1/9，以此类推）。

G是被称为“万有引力常量”的数字。

两个物体间的引力会把它们拉到一起。它们如果还有一些侧向运动的话，最终可能就会像太空中的恒星、行星和其他物体那样围绕着彼此旋转。

关键

F=物体间的引力

G=万有引力常量

m_1=物体1的质量

m_2=物体2的质量

r=物体间的距离

02.6 望远镜的工作原理

使用透镜的望远镜被称为折射望远镜，因为透镜会折射或者弯曲光线。主透镜叫作物镜，附加的透镜则用于目镜。伽利略的望远镜只有两个透镜，成像质量低，但放大率达到了20倍。

早期的折射望远镜严重受困于图像失真。其中一个问题在于简陋的透镜会在目标边缘产生多余的颜色。后来人们将由不同种类的玻璃制成的透镜组合起来，解决了这一问题。另一种方法是艾萨克·牛顿发明的。反射镜不会形成彩色的边缘，于是牛顿用凹面镜代替物镜形成图像，然后通过目镜观察。

延伸思考

天文学家使用的望远镜往往是最大的。它们通常是反射望远镜，因为主镜的整个镜面都可以被固定在镜筒后方。一个直径相等的透镜却只在边缘处被固定，并且还会因其自身重量而变形。

折射望远镜

最简单的折射望远镜只有两个透镜。一个凸透镜将物体的光线聚焦，另一个透镜则被用作目镜。伽利略望远镜的目镜只包含一个凹透镜，但目镜也可以是几个透镜的复杂组合。

反射望远镜

最简单的反射望远镜使用凹面镜将物体的光线聚焦。平面镜使镜筒中的光线转向，目镜则被安装在侧面。

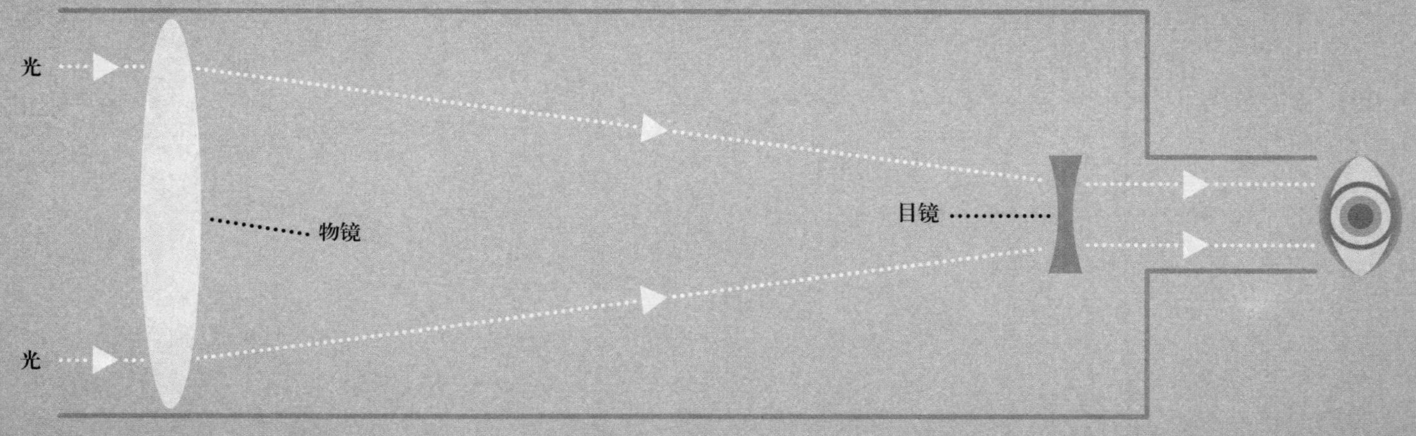
光
光
物镜
目镜

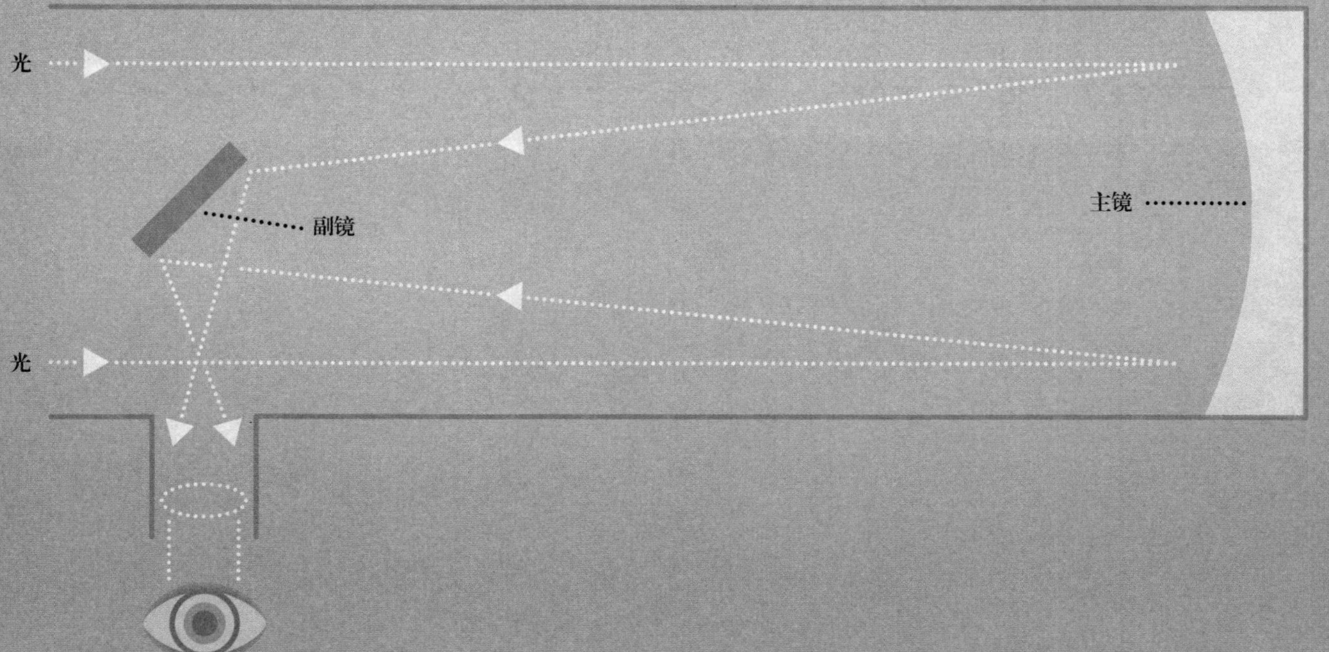
光
光
副镜
主镜

02.7 天王星：第一颗新行星

在1781年，曾经发现过新的恒星和卫星的望远镜再立新功。一颗新行星被发现了。

弗里德里希·威廉·赫歇尔1738年出生在汉诺威，19岁起移居英国，后来成为彪炳史册的天文观测者。透过望远镜，他发现有一颗“恒星”形似影影绰绰的圆盘。赫歇尔起初宣布那是一颗彗星，然而过了几年，有些天文学家——最终连赫歇尔本人也在内——认定那是一颗新行星。几经斟酌，它最终被命名为“天王星”。

神奇的是，这颗新行星肉眼完全能够看到，却一直没办法把它从其他不计其数、晦暗不明的恒星中挑出来。因为天王星在天空中运行一周大约需要一个人毕生的时间①，它在恒星间的运动从未被发现。

赫歇尔是当时最好的望远镜制作者。他用一台长达2.1米的反射望远镜发现了天王星，该望远镜的反射镜宽度为15厘米。

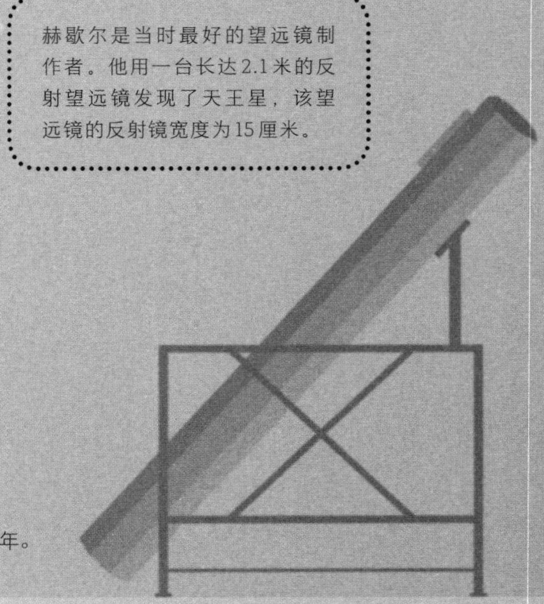

① 天王星围绕太阳公转要84年。

延伸思考

赫歇尔最初建议以拉丁文Sidum Georgium（即“乔治之星”）来命名这颗新行星，以此致敬国王乔治三世。赫歇尔最终也得到了爵位、俸禄以及“国王的天文学家”头衔。但外国天文学家对于这个名字并不喜欢，最终这颗新行星被定名为“天王星”。

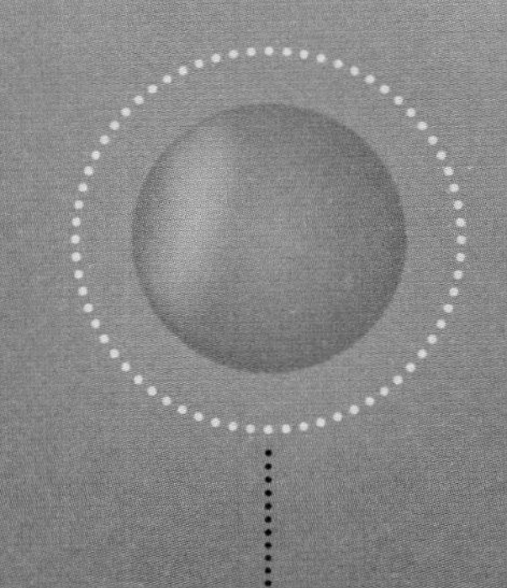

对赫歇尔而言，天王星一开始不过是一个渺小无奇的蓝色圆盘。

1979年，天文学家通过机载天文台发现了天王星周围的光环。这些土星光环的可怜近亲，其光芒是如此微弱，以至于只有在远处的恒星变暗时才能看到它们。然而，赫歇尔在1797年就描述过天王星模糊的光环，这不就是领先时代180多年吗？

02.8 小行星：太空害虫

18世纪末，人们发现太阳系中火星和木星的轨道之间有很大间隔。于是，一个由25名天文学家组成的国际团队“天警”建立起来，意图在这片区域搜索尚未被发现的光芒微弱的行星。就像犯罪惊悚片里常演的那样，“警察”反倒被对手的侦探追杀到了“采石场”[①]。1801年，意大利牧师朱塞佩·皮亚齐率先发现了一个极小的天体，并将其命名为“谷神星”，亦即罗马司掌谷物的女神的名字。很快，“天警”发现了越来越多这样的小天体。如今，自动化系统每年都能探测到数以百万计的类似小天体。

延伸思考

后来天文学家利用相机寻找小行星，并在1891年有了第一次发现。拍摄黄道（行星和大多数小行星运动的区域）附近天空的照片上涂满了小行星杂乱无章的轨迹，它们因此也被称为“太空害虫”。

---

① “采石场”是在西方警匪片中经常出现的场景，此处是指火星和木星轨道之间数量极多的小天体。——编者注

水星
TBR 0.4
AU 0.39

金星
TBR 0.7
AU 0.72

地球
TBR 1.0
AU 1.00

火星
TBR 1.6
AU 1.52

谷神星
TBR 2.8
AU 2.77

提丢斯-波得定则

两位德国天文学家约翰·提丢斯和约翰·波得分别在1766年和1772年总结出一条简洁的规律，即提丢斯-波得定则（TBR）。该定则揭示了行星和太阳之间的平均距离（那时人类已知最远的行星是土星）。

数字计算如下：

- 从数字0和3开始；
- 在此之后的每一个数字依次翻倍：0，3，6，12，24，48，96，192，384，768；
- 每一个数字分别加4：4，7，10，16，28，52，100，196，388，772；
- 最后分别除以10。

当时按照该定则计算出的火星与木星间的距离同后世以“天文单位”表示的实际距离非常接近。按照这一定则，天文学家于1781年在相应距离处发现了天王星，1801年又发现了第一颗小行星“谷神星”，天文学家因此对这一定则产生了浓厚的兴趣。1846年，海王星在30AU距离处被发现了，提丢斯-波得定则预测的距离大约是39AU，与实际情况并不符合。同时，该定则对冥王星——发现于1930年并被长期认作一颗行星——的测定则完全失败了。现在的天文学家对提丢斯-波得定则不再深信不疑。

提丢斯-波得定则预测的距离

实际距离

一个天文单位（AU）等于太阳与地球之间的平均距离——大约是149 597 871千米。

木星
TBR 5.2
AU 5.20

土星
TBR 10.0
AU 9.54

天王星
TBR 19.6
AU 19.2

海王星
TBR 38.8
AU 30.06

冥王星
TBR 77.2
AU 39.44

02.9 不可见光

在彩虹中，大自然把阳光分散为组成它的各种颜色。19世纪的科学家让阳光透过一个被称为“棱镜”的三角形玻璃块，取得了同样的效果。光线穿透棱镜后散射形成了一条叫作“光谱”的色带。1801年，天王星的发现者、天文学家威廉·赫歇尔正在研究不同颜色光的热效应。当把温度计放在光谱红色端之外的不可见光区域时，他吃惊地发现那里的热效应最为强烈。这种不可见光后来被称为“红外线”。

光由光波组成。波长最短的可见光位于光谱紫色端（约0.38微米）。波长最长的是红光（约0.7微米）。红外线的波长范围大约是0.7微米～1毫米（可能为该范围内任意一个长度）。后来，科学家发现了波长更长的辐射：微波和射电波。

1801年，人们又发现了光谱紫色端之外的不可见光。德国科学家约翰·里特发现这些不可见光可以让某些化学物质变黑。而在紫外线之后被发现的是X射线和更具穿透性的γ射线（以某种放射性形式发出）。

延伸思考

可见光和可见光谱之外的不可见射线现在都被称为“电磁（EM）辐射”，因为它们具有电效应和磁效应，并且可以通过电和磁的交互作用产生。在天文学中，电磁频谱的每个波段都有相对应的探测器，可以用来揭示宇宙的新面貌。

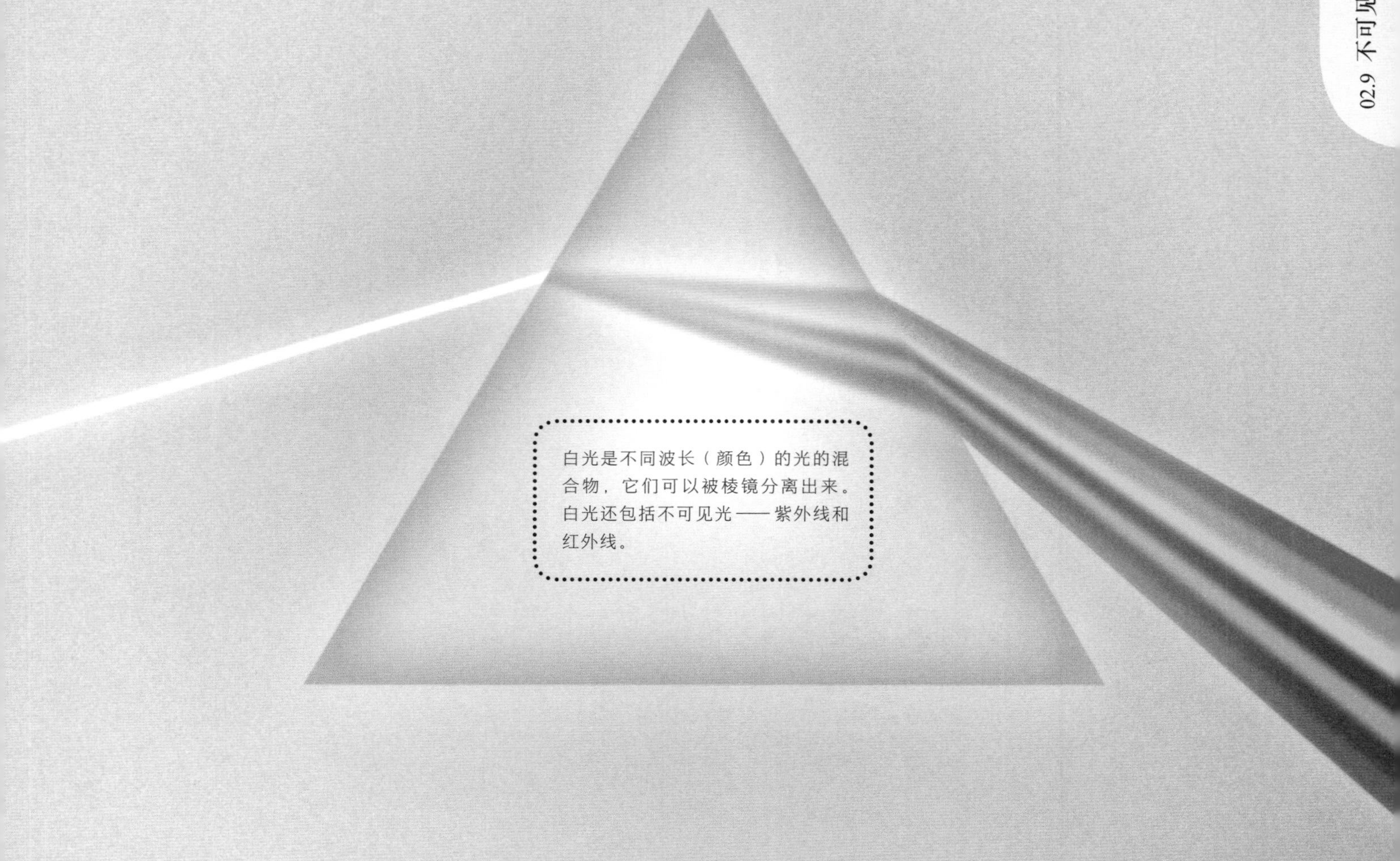

白光是不同波长（颜色）的光的混合物，它们可以被棱镜分离出来。白光还包括不可见光——紫外线和红外线。

02.10 测量宇宙

1908年，位于马萨诸塞州的哈佛大学天文台已经装备上了“先进”的“计算机”。这并非对时代的不可思议的超越：当时所谓的“计算机”指的是那些从事计算工作的底层雇工。当了15年“人肉计算机”的亨丽埃塔·勒维特在那一年公布了对1 777颗变星（variable stars）的照片的测量结果。“变星”指的就是亮度随时间变化的恒星。有些变星会在一个特定周期内进行明暗变化的循环。勒维特说，她注意到恒星越亮则前述周期就越长。四年后，她证实了这一关系。这样的恒星被称为“造父变星”——因其典型代表仙王座δ（即造父一）而命名。

在1913年，天文学家测量出了一颗造父变星的距离。这意味着，根据它的视亮度——我们所看见的星光的亮度——天文学家就可以计算出它真正的亮度。然后，依据勒维特发现的亮度与周期的关系，他们可以计算出所有造父变星的真正亮度，并且通过比较视亮度和真实亮度计算出它们的距离。

当天文学家使用这个新方法测量距离时，他们才发现宇宙远比他们想象的更加辽阔。

延伸思考

起初，天文学家研究造父变星的过程并不顺利。没人意识到至少有两种类型的造父变星，它们亮度与周期的关系并不相同。这意味着，此前计算的所有距离只有一半是准确的。直到20世纪40年代，这一问题才得到解决。

造父变星的运转周期越长，亮度就越大。造父变星在此周期中的膨胀和收缩引起了亮度变化。

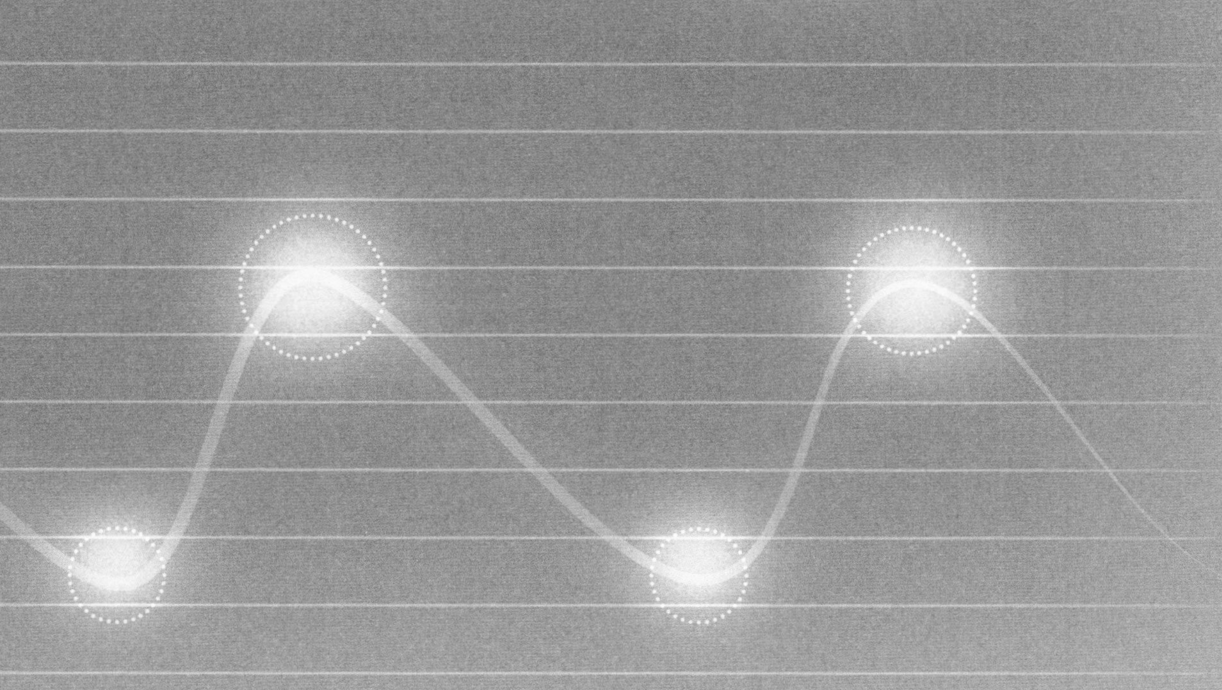

02.11 岛宇宙

人们把20世纪20年代天文学界发生的一场论争称为“大辩论”。辩论的双方是美国天文学家哈洛·沙普利和希伯·柯蒂斯。究竟是像沙普利说的那样，银河系就代表了整个宇宙呢，还是像柯蒂斯所说，有些被称为“星云”的模糊光块实际上是“岛宇宙”——位于银河系以外的、与银河系相类的星系？

星云被发现之后，早期理论认为它们是恒星的发源地。有些星云的确是这样，但并非全部如此。例如，1917年，希伯·柯蒂斯在仙女座的巨大星云的照片中发现了11颗新星，也称为“爆发星”。它们的光芒看起来十分微弱。如果它们实际上并不比其他新星暗淡，那么这个星云一定非常遥远。

借助亨丽埃塔·勒维特通过造父变星测量恒星距离的新方法（见本书第56—57页），加州威尔逊山天文台的埃德温·哈勃测量了数十个星云中恒星的距离。他发现它们确实与我们相距甚远，达到数百万光年的距离。此前也有人提出过类似的猜测，但哈勃所做的工作是迄今为止最为可靠的。

显然，仙女座的这片巨大星云应该更名为“仙女座大星系”，因为它就像我们的银河系一样，是一个由恒星、气体和尘埃组成的系统。数十年后，天文学家厘清了造父变星的周期和亮度之间的关系，由此发现仙女星系与银河系的距离超过200万光年。

延伸思考

在第一次成功测量出仙女座的“旋涡”的距离之后，哈勃给哈洛·沙普利寄了一封信。沙普利初读这封信时，对他办公室的一位同事说：“这封信摧毁了我的宇宙。”

仙女星系

埃德温·哈勃表示，仙女座那片巨大的“星云”并非位于星座附近的气体云，而是一个巨大且遥远的恒星、气体和尘埃的聚合体，像银河系一样。

02.12 膨胀的宇宙

埃德温·哈勃从计算星系的距离开始，进而根据它们的光谱特征研究其运动规律。当极其巨大的天体发出的光被转换成光谱时，光谱带中经常会有一些空隙——有些颜色从光线中消失了，这些缝隙则表现为纵贯光谱的黑线或黑带。这些线段会被认作某些原子或分子的化学标记。

哈勃研究了星系光谱中的黑线，发现几乎所有的黑线都趋向光谱的红色（长波）端。在到达地球之前，光波已经被拉长了，因此光谱空隙的位置也发生了变化。光波会在星系迅速远离我们时被拉长——尽管其他科学家持有异议，但是哈勃坚称这就是光谱产生空隙的原因。经过一番激烈的辩论，天文学界认同了哈勃的看法。

哈勃发现一个星系离得越远，其后退速度也就越快。如果一个星系位于第二个星系距离的两倍处，那么它离开的速度也是第二个星系的两倍。他能够观测到的最暗淡、最遥远的星系，就正在以较高比例的光速远离地球。

延伸思考

如果你能从另一个星系观察宇宙，就会看到银河系正在离你而去。如果其他星系离得更远，它们离开的速度也会更快。在任何时候、从任何角度观察宇宙都是一样的。宇宙的膨胀没有中心。

哈勃定律

星系离我们越远，远离的速度也越快。

高速：90 亿光年以外的星系以 66% 的光速远离。

中速：60 亿光年以外的星系以 44% 的光速远离。

低速：30 亿光年以外的星系以 22% 的光速远离。

备注：此处用30亿光年之类的话来描述星系距离是简略的说法，这表示我们看到的该星系的光经过了30亿年才到达地球。此时此刻，这个星系已经离我们更远了。

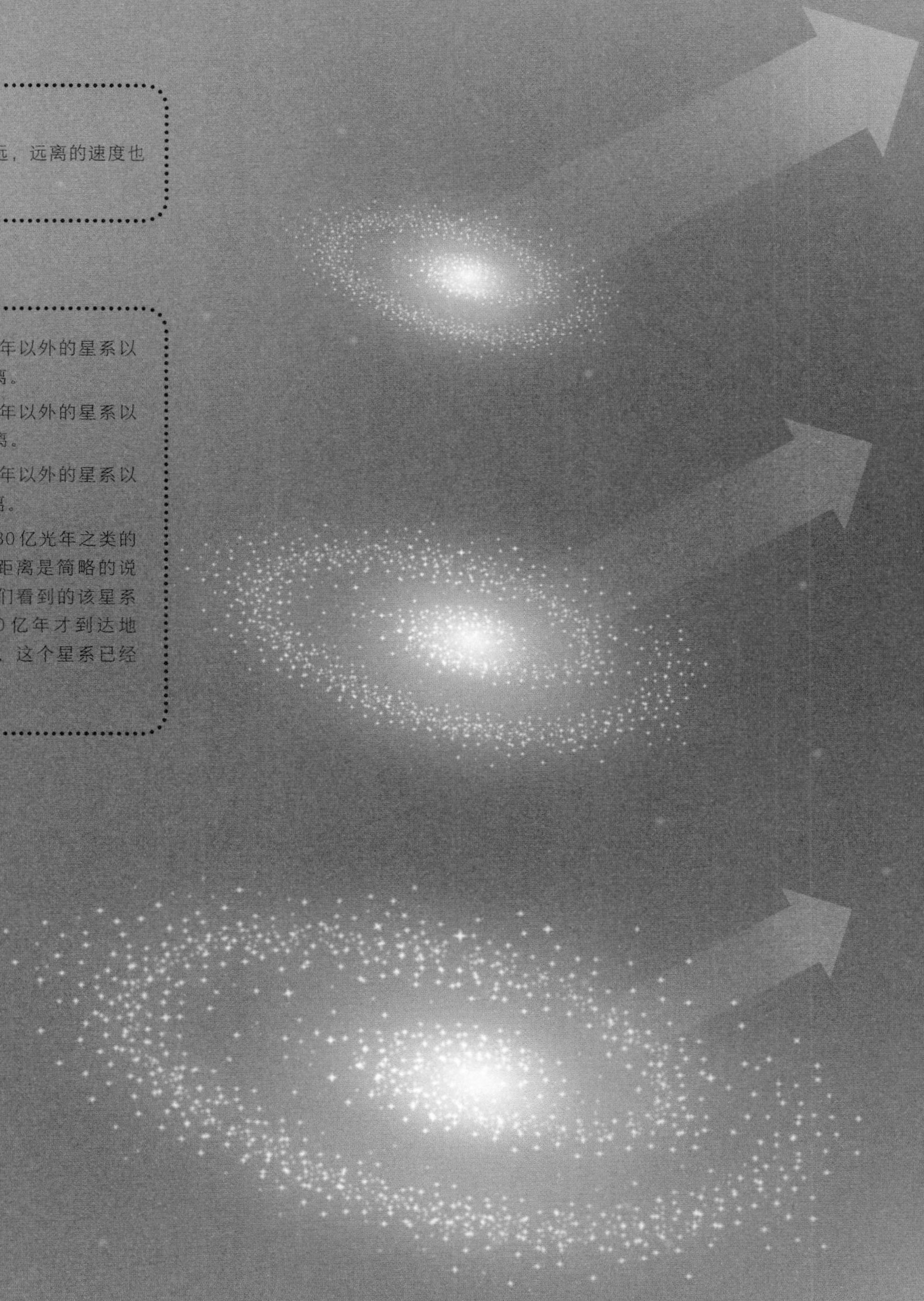

02.13 射电天文学：与天空调谐

射电波可以像光波一样在地球大气层通行无阻（见本书第54—55页）。随着无线电通信的发展，透过射电“窗口”观察肉眼看不见的宇宙开始成为可能。1933年，贝尔电话实验室的美国无线电工程师卡尔·央斯基发现，一种稳定的射电的“嘶嘶”声正从银河系，即我们自己星系的中心传来。1937年，伊利诺伊州的一名工程师格罗特·雷伯在自家后院建造了一个可以接收太空射电波的仪器，即第一台射电望远镜。它是一个倾斜的碗状反射器，能将特定方向的射电波聚集于安装在焦点的接收器上。

第二次世界大战以后，新发展起来的射电和雷达技术被应用于射电天文学这一新领域。那时有的射电望远镜是金属网状结构，有的是阵列型杆状天线，还有的是可操控的碟形，例如雷伯极富创造性的设计。1957年，在柴郡的焦德雷班克，一台直径为76米的带有碟形天线的射电望远镜建成了，它因同年发现第一颗人造卫星——苏联的“斯普特尼克1号”——而闻名。

射电天文学家进一步发现了脉冲星，绘制了星系旋臂图，探测出星系核心，并且观察到了类星体和活跃星系的能量来源。我们可以把来自全球各地，甚至太空轨道上的射电望远镜的信号整合起来，得到相当详细的图像。单个仪器要产生这样的图像，其体积应该和地球一样大，甚至比地球还要大。

平方千米阵列射电望远镜

平方千米阵列射电望远镜将于2016年[①]开始建造。完成后的平方千米阵列射电望远镜将由数千台望远镜组成，后者散布在数千千米的范围内。可能位于澳大利亚或南非的这个望远镜，总表面积将达到一平方千米。它监测到的大量数据将需要大约相当于一亿台笔记本电脑的运算力来处理。

巨大的阵列射电望远镜

VLA（甚大阵）是一个庞大的系统，安装在新墨西哥州沙漠的铁路轨道上，由27台相连的可操控射电望远镜组成。这27台望远镜按照字母Y的形状排列。Y的臂长有21千米。

阿雷西博射电望远镜

世界上最大的射电望远镜[②]，建在波多黎各一个平滑的火山口内。它的碟面宽达305米，并且是固定的。地球每天的自转可以带动它扫描天空中的一个带状区域。

---

① 本书于2012年首次出版。

② 2016年9月，中国建造的FAST望远镜取代了阿雷西博望远镜，成为世界最大的单口径射电望远镜。

延伸思考

我们不仅可以从空中接收射电波，还可以发出射电波。即使在白天，雷达天文学也可以通过从流星的发光轨道反射回来的雷达脉冲追踪到流星。不仅如此，雷达脉冲还可以从土星环反射回来，且往返只需要两小时。雷达回波可以提供有关组成环的粒子的信息，比如它们的成分和大小。

02.14 巨型望远镜

埃德温·哈勃使用过的最大的望远镜是5.1米的海尔望远镜（5.1米指的是望远镜反射镜的直径）。在那之后的60年里，可见光天文学（现在与红外天文学并驾齐驱）得到了稳步发展。

- 更大的反射镜：夏威夷冒纳凯阿火山上的日本昴星团望远镜的反射镜宽8.2米。
- 自适应光学被用于矫正大型望远镜的镜面形状，以大概每秒几百次的频率抵消大气湍流造成的天体光波畸变。
- 望远镜坐落于高山，在大部分烟雾和大气污染之上。

现在，将望远镜连接起来使用可以产生更加清晰的图像。比如，夏威夷冒纳凯阿火山上的凯克望远镜就结合了两面相距85米、宽达10米的反射镜所反射的光。

太空中的望远镜

有很多望远镜进入了太空。哈勃空间望远镜的继任者——韦布空间望远镜——将被放置在比月球还要遥远的地方。它那可承受极寒的、宽达6.5米的反射镜被巨型遮阳罩保护着。

延伸思考

人类观测太空，不一定非得守着天文望远镜的目镜。将摄像机与目镜连接几个小时，或者几个夜晚，就可以获得图像。天文学家甚至可以在地球的另一边控制望远镜。

欧洲特大望远镜（E-ELT）
计划中的E-ELT是一台超级仪器，将建在智利的一座山峰上。它的反射镜将有42米宽，由约1 000段组成。

通过分段建造，可以造出更大的反射镜：例如，位于加那利群岛的GTC（加那利大型望远镜）有一个宽10.4米的36段的反射镜。独立的马达以每秒数次的频率重新排列每个独立的分段，这就是自适应光学技术。

加那利大型望远镜
加那利群岛

02.15 中微子探测器：地下的天文学

近几十年来，天文台不仅登上了最高的山峰，也潜入了地下的矿井。因为数英里厚的岩石对外来辐射的屏蔽，矿井成了观察中微子——而非光线——的最佳场所。在太阳和其他恒星中心的核反应中，每一秒都有不可计数的幽灵般的粒子被放射出来。中微子与其他物质间的相互作用极其微弱——它在穿透数光年的密集物质时发生反应的机会只有50%——不过在地球上还是可以观测到其中很小一部分发生反应的中微子。

数以千万兆计的粒子穿过液体，填满了中微子天文台巨大的地下舱，但只有其中很少的一部分会发生反应，并且产生一束可以被光电检测器探测到的闪光。

1987年，世界各地的24个中微子探测器都探测到了一次中微子的爆发。三小时后，在可见光中，它们的源头被发现了——来自附近的星系，大麦哲伦云中的一颗超新星（即恒星在演化末期经历的一种剧烈爆炸）。

延伸思考

此时此刻，数以亿计的中微子正穿透你的身体。无须担心，因为你对它们而言几乎是透明的，它们基本上不会与你身体中的原子发生反应。在你的一生里，只有大概两三个中微子会因为与你的相互作用而改变路径。

这台地下中微子望远镜是一个直径12米的球体，它位于加拿大的一个矿井下，漂浮在地下两千米处一个注满水的容器内。当一个中微子与球体内780吨液体中的一个分子相互作用时，围绕在球外的9 600个探测器之一就会记录下反应时产生的微弱闪光。太阳的中心不断产生中微子和光子（即光和其他种类的电磁辐射的“粒子”）。因为光子不断与沿途的物质相互作用，所以它们需要100万年的时间才能从太阳中心到达太阳表面，而中微子则在大约两秒之内迅速远离太阳。

30多年以来，从太阳中探测到的中微子一直是个谜：它们的数量比预期的少了一半。我们现在才知道，太阳产生的中微子数量与预期一致，但有些在其旅途中发生了变化，因此我们的探测器检测不到它们。

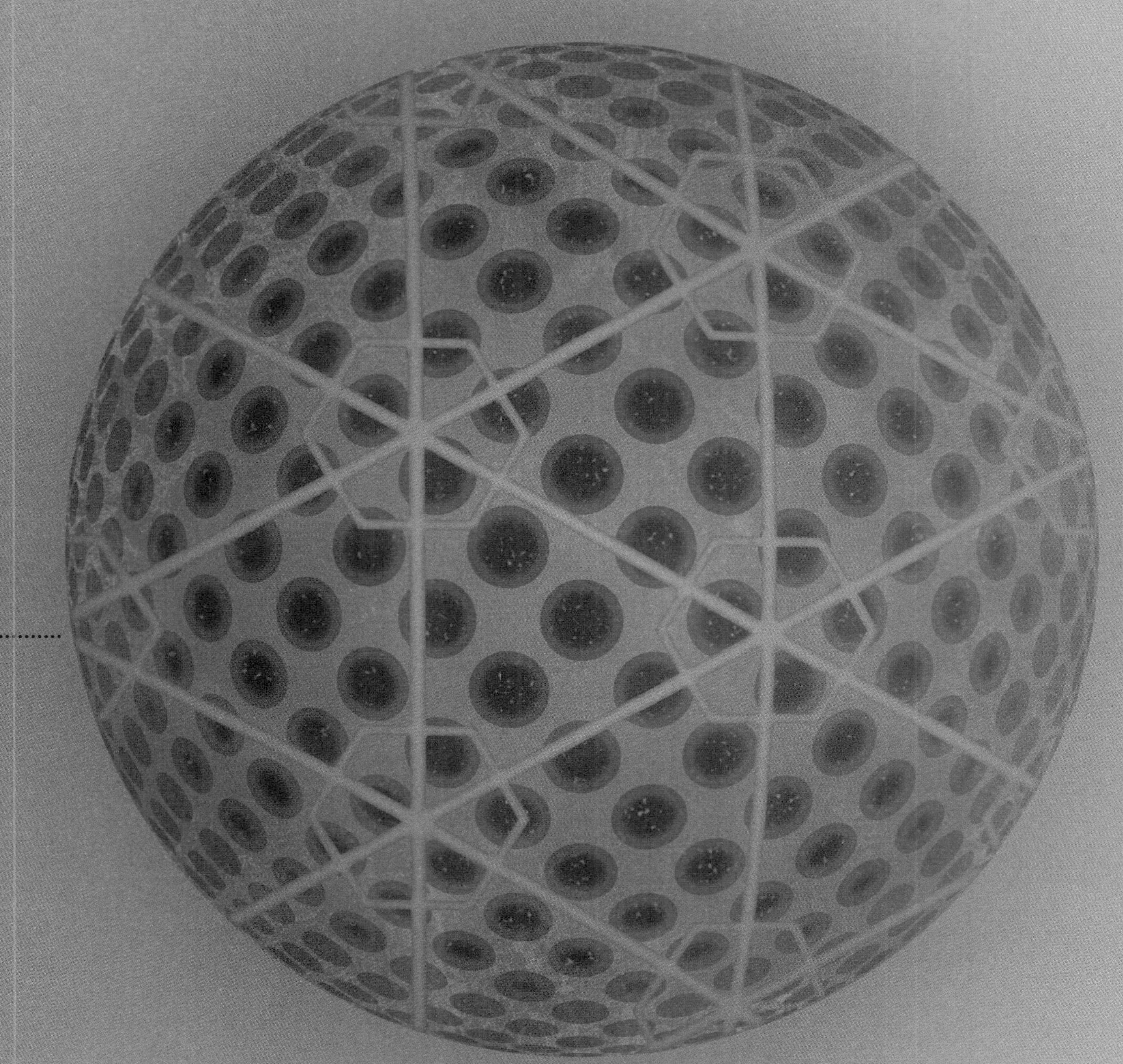

02.16 天文时光机

人类正在计划建造有史以来最庞大的天文“望远镜”。该望远镜由轨道空间探测器组成，这些探测器位于一个各边长均为500万千米的三角形空间的角上，其建造完全是为了探测那些从未被清楚探测到的太空信号，科学家们确信后者的存在。

根据爱因斯坦的广义相对论，引力波是时间和空间中的颤动。它们可以由任何一个质量巨大且加速运动的系统产生——例如坍塌的垂死恒星，向内坍缩的、共同走向湮灭的伴星，吞噬恒星的黑洞，等等。

这架望远镜的构造理念是，用激光束把航天器与地球连接，那么航天器就会与地球共用轨道围绕太阳运动，但会落后地球5 000万千米。引力波穿过时，波动会影响激光束的长度，尽管其变化幅度比原子的直径还小，但仍然可以被探测到。

延伸思考

人们相信有的引力波可能来自大爆炸本身——因此这架引力波望远镜将是一台时间机器，它展现的景象如此接近宇宙诞生的时刻，超过了迄今为止的所有望远镜。

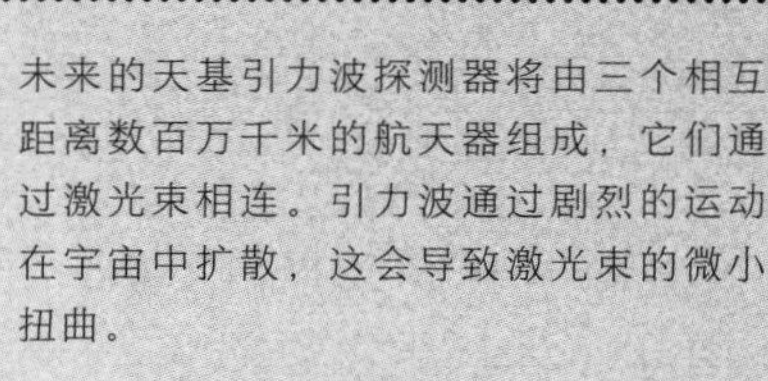

未来的天基引力波探测器将由三个相互距离数百万千米的航天器组成，它们通过激光束相连。引力波通过剧烈的运动在宇宙中扩散，这会导致激光束的微小扭曲。

虽然引力波还没有被探测到，但科学家确信它们的存在。理由之一是来自一些脉冲星（非常精确的天文“时钟”——见本书第164—165页）的无线电信号正在减弱，他们猜测这是由于能量被引力波消耗了。

一些物理学家认为，或许我们不仅能探测到来自大爆炸的引力波，甚至能够探测到更早的引力波（见本书第210—211页）。

第三章

探测器、卫星和宇宙飞船

03.1 探索未知

要想进一步了解宇宙，必须穿越地球肮脏而湍急的大气层，才能更清晰地观察星体，才能航行得更远，从而近距离观察月球和其他行星。只有火箭才能提供冲出大气层的推进力。从20世纪60年代开始，人类逐渐摆脱了地球的束缚，超越了此前飞机和热气球确立的里程碑。

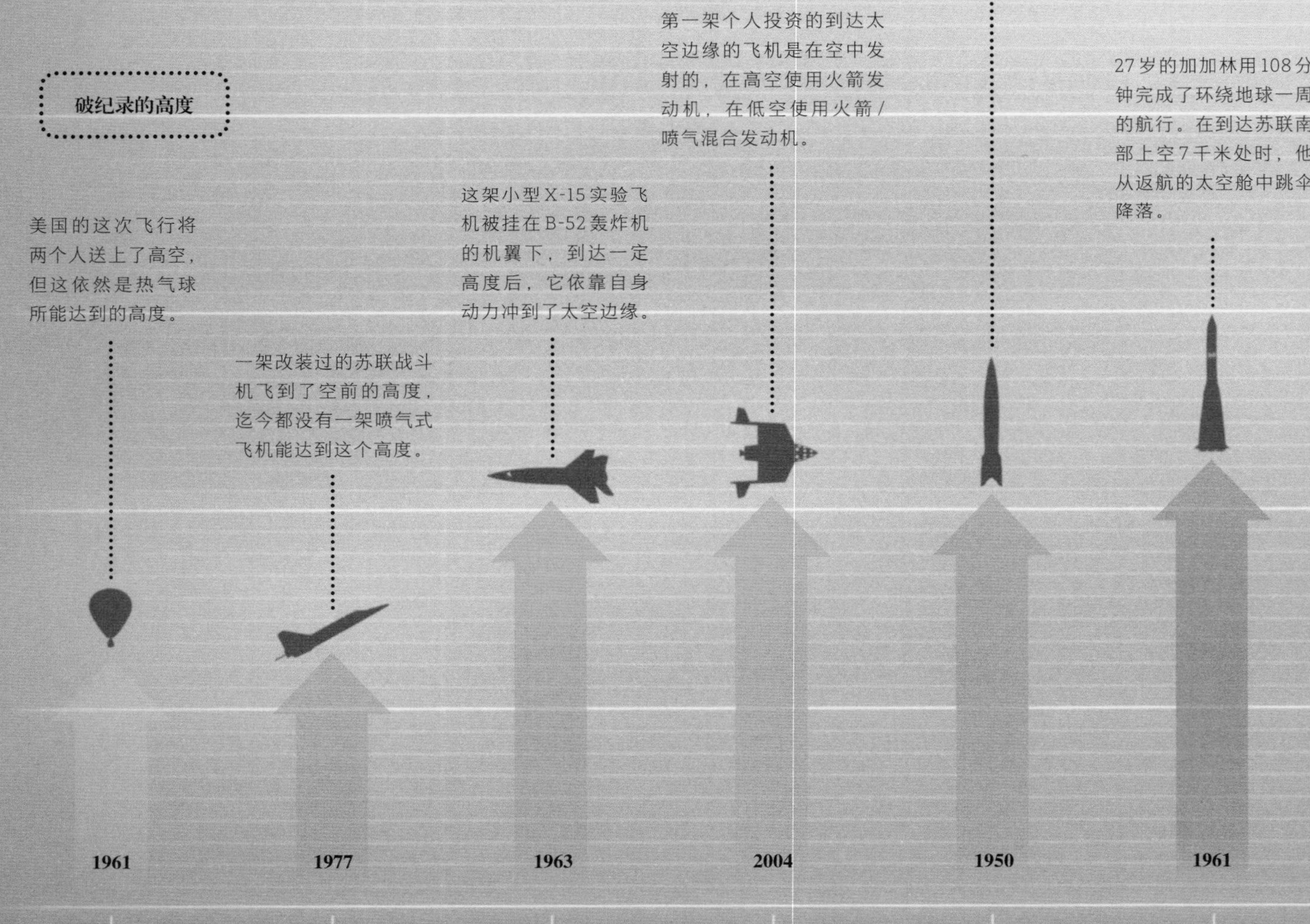

延伸思考

流传最广的太空边界高度是一个便于记忆的整数（在公制单位中）：100千米。

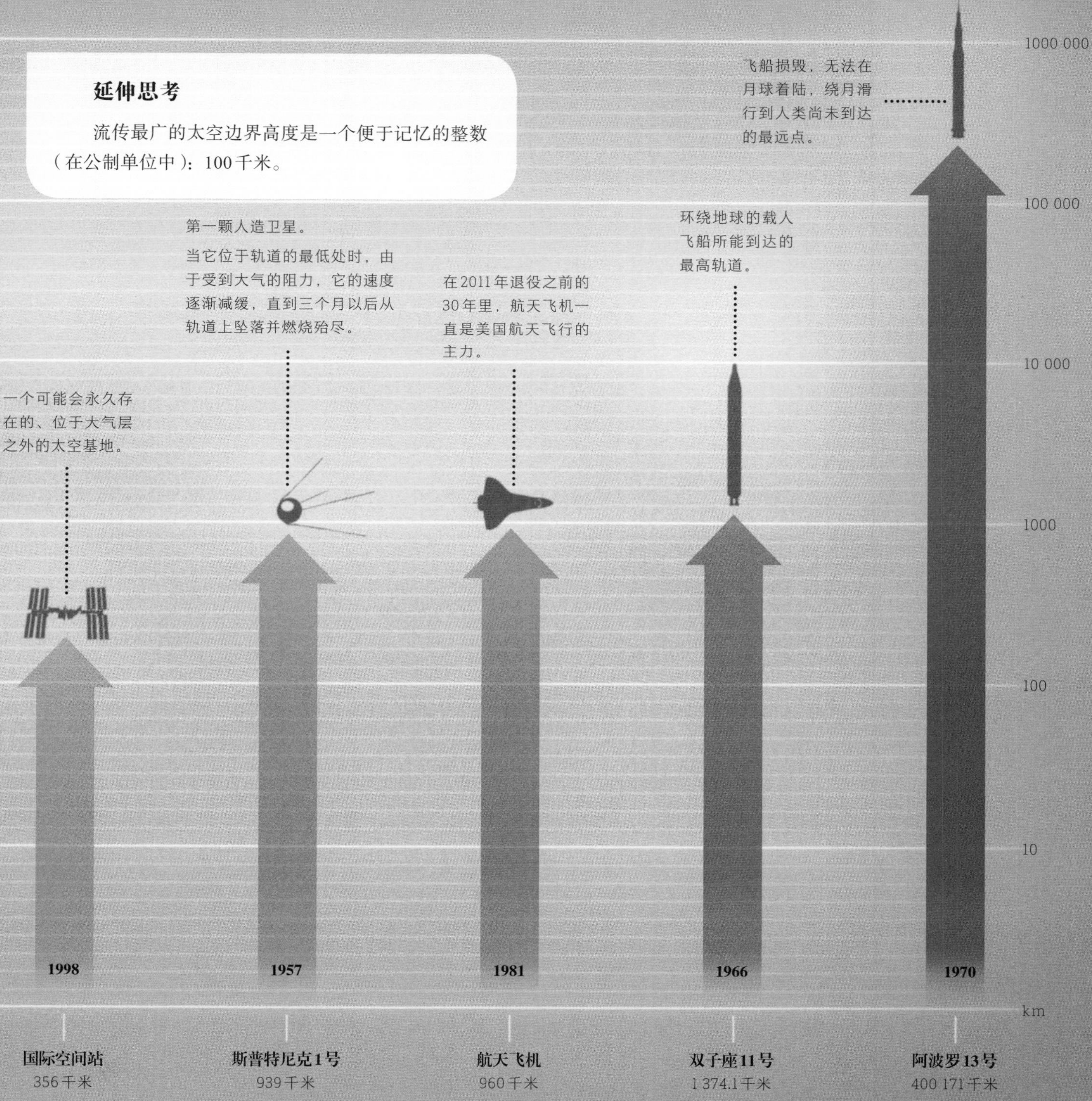

03.2 空间站

一旦宇航员能够在大气层外进行短暂活动并迅速安全返回地面，在太空中建立长久落脚之处的条件就成熟了。真正意义上的空间站能够持续为宇航员提供容身之地。

苏联人一直是长时间航天飞行的领先者。1971年，“礼炮1号”空间站仅仅在轨道上运行了六个月，使用时间只有三个星期。此后，苏联接连发射了一系列飞船，直到1982年“礼炮7号”发射，它在轨道上运行了八年多，接待了一些苏联宇航员和外国宇航员。它的继任者是“和平号”空间站，后者于1986—2001年在轨道上运行；由于不断扩建，最终它由七个模块组成。数名宇航员在“和平号”上生活了超过一年。

1998年，宇航员们开始在轨组装国际空间站。自2000年10月1日以来，该站一直持续使用，并计划于2012年竣工①。然而，目前尚难确定该空间站能否常年运行下去。

延伸思考

1979年，在将土星级箭体改造成实验室的基础上建成的美国空间站“天空实验室”六年服役期满。它在重新进入大气层之前并没有被拆解，最后大部分碎块落在澳大利亚西南部的地面。

---

① 实际上，国际空间站于2010年已建造完成，转入全面使用阶段。——编者注

国际空间站由不同国家建造的太空舱组装而成。该空间站通常有三名定期轮换的宇航员。

03.3 人类的一大步

相对于苏联的连拔头筹，美国的太空探索严重滞后。1961年，总统约翰·F.肯尼迪宣布，美国将在10年内完成返回式载人登月计划。

1969年7月16日，一枚长111米、重3 000吨的“土星5号”运载火箭轰鸣着跃上佛罗里达的天空，执行“阿波罗11号”任务。一个重达14.7吨的小型太空舱四天后降落于月球的静海。又四天之后，重量仅为6吨的指令舱坠入太平洋。

“阿波罗计划”共有六次登月任务，其中五次成功。

延伸思考

“阿波罗计划”总共从月球带回了382千克的岩石。苏联人也用机器人飞船带回了重约320克的样本，不及阿波罗计划带回的千分之一。

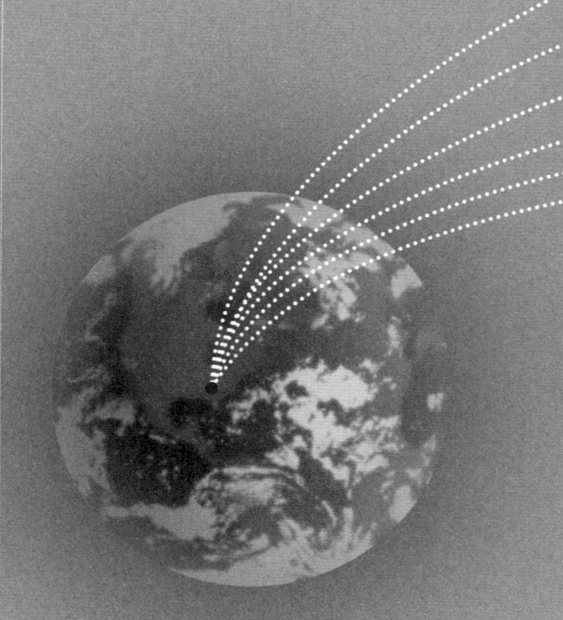

阿波罗12号

1969年11月14日

带回了两年前完成硬着陆的无人探测器“探测者4号”的碎片。

阿波罗11号

1969年7月16日

首次载人登月。

阿波罗13号

1970年4月11日

飞船上的爆炸使电力供应系统瘫痪，险些导致灾难性事件。登陆被取消，但是这艘飞船奇迹般地返回了地球。

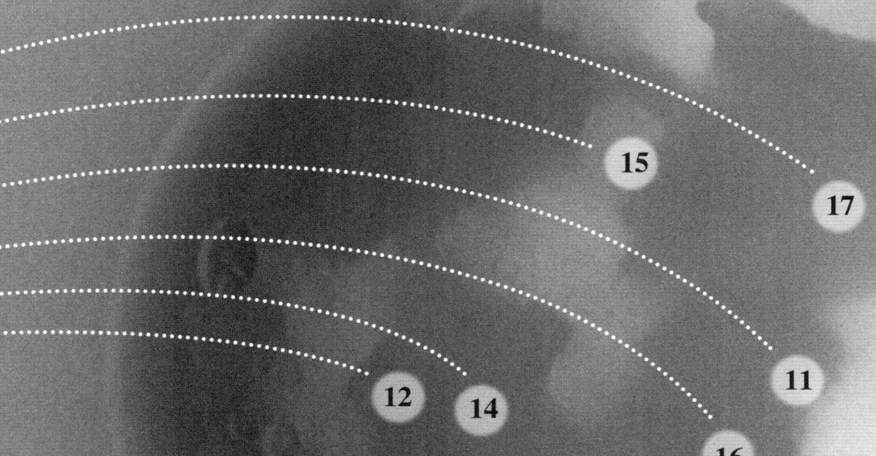

阿波罗14号

1971年1月31日

指挥官艾伦·谢泼德在月球上打了两杆高尔夫。

阿波罗17号

1972年12月7日

在月球表面停留时间最长——长达74小时59分40秒。

阿波罗15号

1971年7月26日

使用了月球车。

阿波罗16号

1972年4月16日

首次登陆月面高地。

03.4 目的地：火星

没人能预料到，自从“阿波罗计划”于1972年最后一次登月后，40多年来再没有人登陆月球。人类对于下一个宏大的目标——登陆火星——一直忽冷忽热。2007年，美国宣布了登陆火星的初步计划。欧洲空间局计划在2030年后将人类送上火星。其他国家可能也有类似的计划，只是尚未公开。

往返地球与火星之间需要超量的燃料。因此，一些计划设想建立一个载人月球基地，在那里建造火箭以完成火星之旅。

另一个计划是向火星发射一个自动化化工厂。当它制造出足够的燃料后，宇航员就可以向火星进发了，他们可以使用这些燃料返回地球。

太阳系中没有其他行星适合人类居住。巨大的带外行星都是气体球。如果在水星贫瘠的表面建造基地，一半时间会被烤焦，另一半时间则会被冰冻。在金星表面，炎热而稠密的大气会把一切居住者烤干并且压扁。但是，由于存在岩石和冰层的便利条件，可以建造移民居留地的卫星仍然不少。

第1天
从地球起飞
进入地球轨道
离开地球轨道
第223天
进入火星轨道
第234天
登陆火星
第245天
返回火星轨道
第252天
离开火星轨道
第500天
在地球降落

欧洲空间局拟议的2030年
火星任务

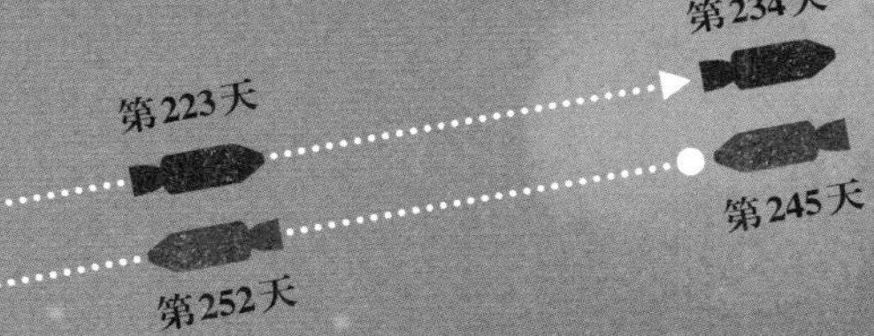

延伸思考

令人失望的是，阿波罗月球“基地”是临时的。各式各样的“火星居留”倡议都提出了在火星上建立永久的移民居留地的方法，其基本思路是通过五次单程航行将15对夫妇送上火星。

03.5 机器人探索者

在人类自身缓慢超越地球边界的同时，机器人探索者也一直在向前迈进。

成百上千的卫星环绕着地球，为我们观测天气、传送电视节目、维持电话通信和网络传输，以及绘制地球资源分布图。探测器已经飞越了太阳系中所有的行星和大部分卫星，有些还实现了着陆。其中的领跑者是1977年发射的“旅行者号”探测器，它们可能会在2015年穿越太阳系边界。

宇宙飞船需要能量来完成任务，其能量要么来自太阳能，要么来自核能。巨大的“帆”可以收集太阳能，一旦飞船离开大气层并且脱离运载火箭，“帆”就会展开。但火星以外的阳光微弱，因此通常使用小型的核能发电机。通过一块放射性物质（通常是钚238）不断地产生热量，并转化成几百瓦的电能。

飞行器的“姿态”（定向）决定着燃料补给，这也在很大程度上限制了飞行器的寿命。一旦燃料耗尽，飞行器的无线电天线无法对准地球，飞行器就会与地球失去联系。

延伸思考

无线电指令需要1小时以上才能发送到土星附近可以进行复杂操作的探测器。地球上的控制器需要等待2～3小时，才能确定该命令是否被成功执行，并且决定下一个指令的内容。这就是太空探测器必须是智能机器人的原因，它们无须等待地球指令就能决定并完成后续任务。

两艘“先驱者号”和两艘“旅行者号”航天器已经离开了行星系，正向星际空间漂移。

先驱者10号

距离太阳103AU

以12千米/秒的速度飞行

现与地球无联系

先驱者11号

距离太阳83AU

以11千米/秒的速度飞行

现与地球无联系

旅行者1号

距离太阳116AU

以17千米/秒的速度飞行

现与地球有联系

旅行者2号

距离太阳96AU

以15千米/秒的速度飞行

现与地球有联系

土星

天王星

海王星

冥王星

旅行者2号

先驱者11号

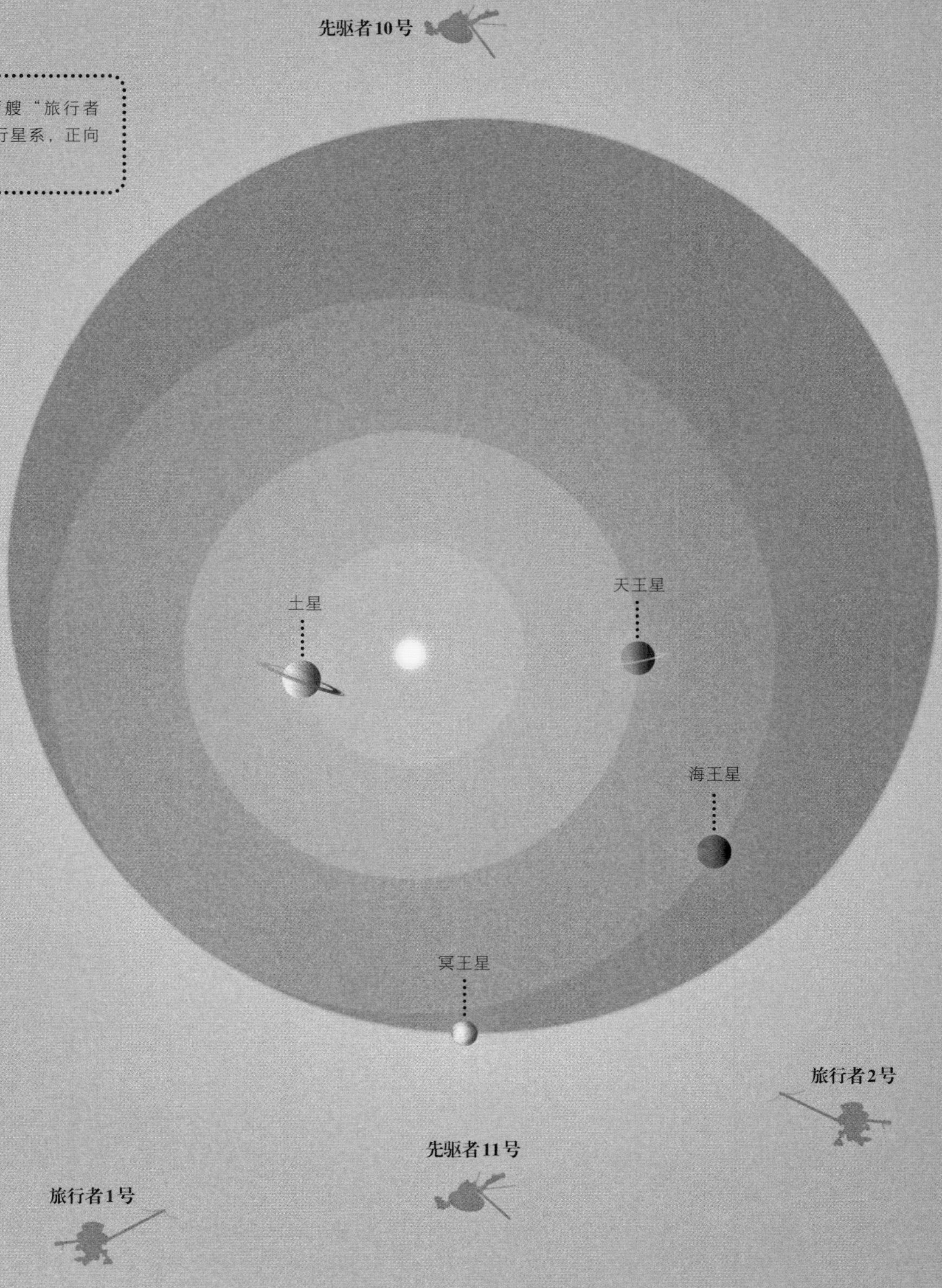

03.6 太空航行中的“弹弓”

太空探测器如果仅仅依靠自身的火箭发动机对抗太阳强大的引力，那么将需要超大量的燃料才能到达太阳系外围。借助“弹弓”，或称“重力助推技术”，才有可能实现前往带外行星的航行。

行星自身围绕太阳旋转，从而带动飞船转动，就像投掷者用绳索抛石头那样（想想大卫和歌利亚[①]）。经过精确的几何学运算，飞船被抛入太空后，速度最高可达行星轨道速度的两倍。小行星带以外的第一批航行任务——1977年的两次“旅行者号”计划——使用了一种罕见的带外行星校准方式。“旅行者1号”通过掠过木星和土星来实现助推，“旅行者2号”则通过飞越木星、土星、天王星和海王星来实现助推。

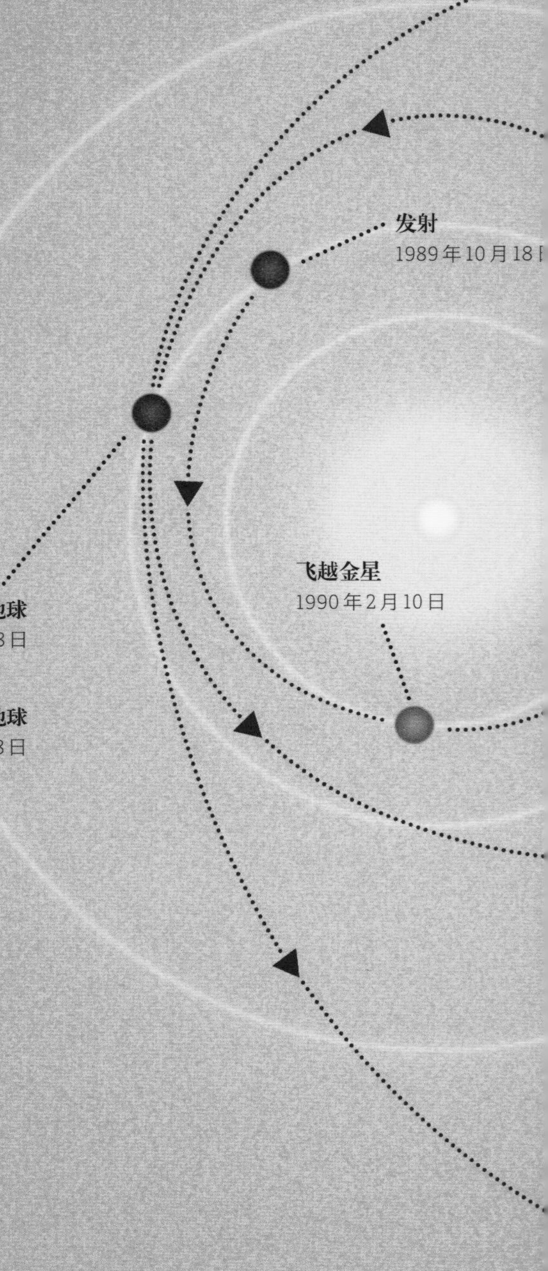

①《圣经》中记载，歌利亚是非利士将军，带兵进攻以色列军队，他拥有无穷的力量，所有人看到他都要退避三舍，不敢应战。最后，牧童大卫用投石弹弓打中歌利亚的脑袋，并割下他的首级。大卫日后统一以色列，成为著名的大卫王。

延伸思考

在未来的某一天，长期的太空移民居留地可以沿着被称为“星际运输网络”的复杂路径在太阳系漫步。它们只需要很少的燃料，因为引力可以解决所有问题，但从一个行星的附近漂移到另一个行星需要好几个世纪。

伽利略计划的路径

伽利略木星探测器于1989年10月发射，经过六年航行，借助来自金星和地球的三次重力助推到达了巨大的木星。

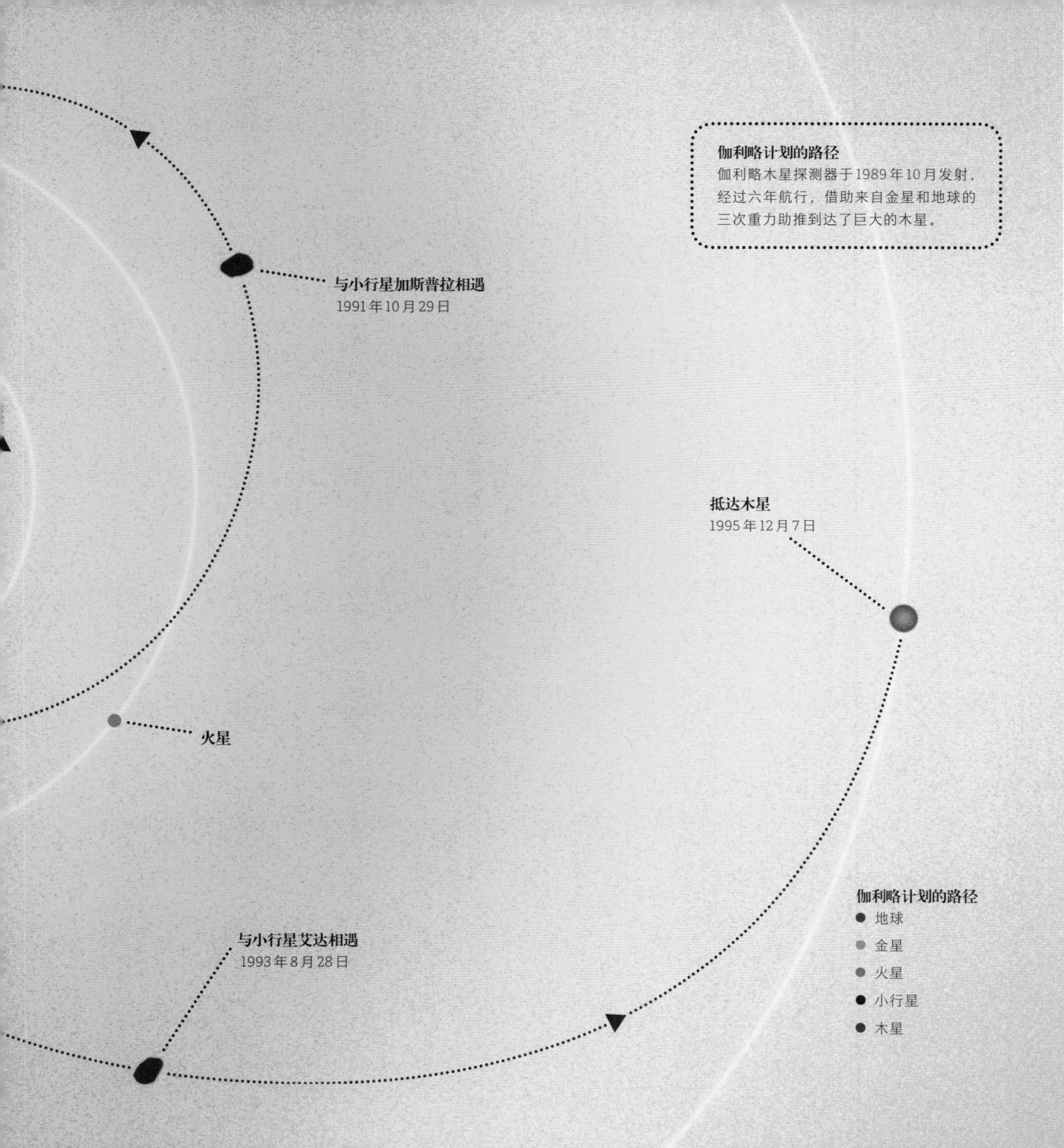

与小行星加斯普拉相遇
1991年10月29日

抵达木星
1995年12月7日

火星

与小行星艾达相遇
1993年8月28日

伽利略计划的路径
- 地球
- 金星
- 火星
- 小行星
- 木星

03.7 生活在太空中

建立真正意义上的太空移民居留地——在大气层之外完全自给自足的聚居地——的时代必将到来。一旦它们建成，无论地球上发生什么灾难，人类都能幸存下来。太空移民居留地既可能是环绕地球、其他行星或卫星的空间站，也可能是建立在其他行星或者卫星上的城市。

1974年，美国物理学家杰拉德·K.奥尼尔在他题为《太空殖民》（*The Colonization of Space*）的论文中提出了使用比现在更为先进的技术建立巨型太空移民居留地的想法。其中一个设计采用了两个长32千米、宽6.5千米的平行圆柱体。圆柱体里有陆地和水源，窗户与圆柱体的长度相同，通过调整窗户的遮蔽程度控制每天的昼夜循环。将会有数百万人生活在其中。

要建立这样的聚居地，我们还有很长的路要走，但已经迈出了里程碑式的第一步。第一个人在太空中出生的瞬间将是下一个里程碑，再下一步就会是第一批人在太空中度过一生了。

延伸思考

“从长远来看，单一行星物种将无法生存。总有一天，我不知道具体何时到来，但总有一天，生活在地球之外的人将多于地球上的人。”

——美国国家航空航天局前局长迈克·格里芬

生物移民

我们可以想象在太阳系中的任何一颗卫星或有着固体表面的行星（内部坚硬的行星）上建立移民居留地。但它们的环境都不利于生命生存。移民者必须生活在生物圈内，在其中，温度和大气是可控的，并且可以培育出维持生命的食物。

03.8 奔向恒星

航行到其他恒星将比在太阳系建立移民居留地难得多。如果把太阳到地球的距离算作1米，那么太阳到最远的太阳系行星——海王星——的距离大约是30米，到最近的恒星——半人马比邻星——的距离则是270千米。

“旅行者1号”太空探测器正在以约17千米/秒的速度逃离太阳系，该速度是阿波罗登月火箭的1.5倍。这依旧无异于爬行，因为它需要漫长的7.6万年才能到达半人马比邻星。

根据现代物理学，任何物体的极限速度都是光速，即30万千米/秒。以下几种方法可以让星际飞船接近光速：

- 依靠氢弹的力量：飞船依靠发射一连串氢弹冲向太空。
- 依靠反物质：只有在粒子加速器（例如大型强子对撞机）中才能生成少量反物质。当反物质遇到普通物质时，它们互相毁灭并产生能量。如果我们能制造出大量的反物质，它将为星际飞船提供强大的燃料。
- 依靠“光帆”：飞船将携带一面巨大的“帆”而非燃料，通过地面激光发射的高能光束来推动飞船航行。

延伸思考

星际空间不完全是真空的。一艘以每秒数万千米的速度航行的星际飞船必须做好全副武装，以应对尘埃颗粒、气体还有“宇宙射线”（亚原子粒子）的磨损。

星际飞船以接近光速的速度航行需要大量的能量，然而到达大多数恒星仍需要几百年甚至数千年时间。

未来的燃料

1960年，美国物理学家罗伯特·W.巴萨德提出了一种为航天器提供动力的理论方法。巴萨德冲压发动机是一种热核火箭，它利用电磁场压缩极其稀薄的星际气体中的氢产生燃料，这种燃料可以在热核反应中“燃烧”。巴萨德的观点在科幻小说、电影和电视节目里大行其道。

03.9 移民银河系

如果想在银河系中找到其他的类地行星作为人类新家园，我们需要派遣星际飞船穿越重重的星际“垃圾”。银河系中至少有2 000亿颗恒星，其中许多——甚或绝大多数——周围都环绕着行星。探索这样一个天体众多的世界看起来是不可能完成的任务，但在20世纪70年代，苏格兰作家克里斯·博伊斯提出了一种在合理时间内探索银河系的技术。这项技术的关键在于建造能够自我复制的机器人空间探测器，它们能够精确地制造出自己的副本。它们被称为冯·诺伊曼探测器，以匈牙利裔美国数学家约翰·冯·诺伊曼的名字命名，他探索了“能够自我复制的机器”这一概念。

- 探测器——假设只有两个探测器——要被发射到附近的恒星系统。最有希望到达的目标恒星距离地球约100光年，这取决于我们如何选择。每个探测器以1/10的光速飞行，通常需要1 000年才能到达目的地。
- 一个探测器被发射到附近的某个恒星系统。如果目标恒星与地球的距离真是100光年，以1/10的光速飞行的探测器将需要1 000年才能到达那里。
- 到达后，探测器将对恒星系统中的行星和小行星进行开采，收集原材料来制造两个自身的复制品，复制品将被发射到更远的目标恒星，如此往复。我们最有可能选择距该恒星大约100光年的另一颗恒星作为目标。
- 如果有合适的行星，探测器可以用冷冻的胚胎或合成的细胞建造人类移民居留地。
- 经过20 000年和20代探测器的探索之后，最远的探测器将位于距离地球2 000光年处，并且有大约100万个探测器存在于此。
- 银河系最远处距离地球约10万光年。最后一批探测器将在100万年后到达那里。

延伸思考

很多人对这一计划感到震惊，将其视为用“瘟疫”感染银河系。如果这个项目启动，那么至少要对探测器进行编程，以保证其在一定年限后逐步停止勘探工作。

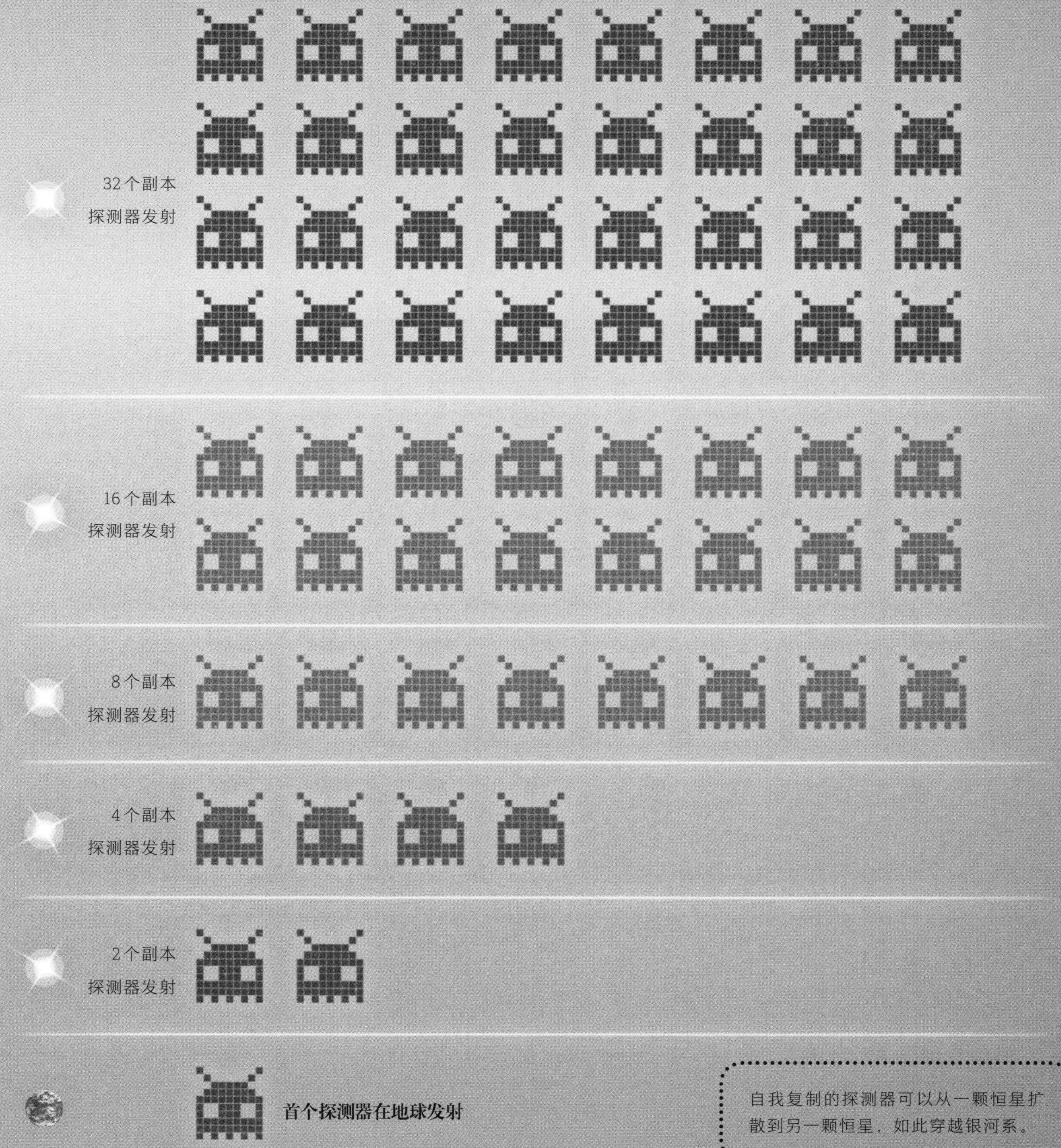

32 个副本
探测器发射

16 个副本
探测器发射

8 个副本
探测器发射

4 个副本
探测器发射

2 个副本
探测器发射

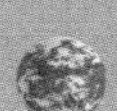

首个探测器在地球发射

自我复制的探测器可以从一颗恒星扩散到另一颗恒星，如此穿越银河系。

第四章

太阳和岩质行星

04.1 太阳系的成员

太阳系分为几个主要区域，每个区域都有其独特的天体类型。使用天文单位（AU）可以轻松地划分这些区域。AU是指地球到太阳之间的距离，约为1.5亿千米。

- 太阳位于太阳系的中心，整个星系所有物质都在它的引力范围内，同时，太阳也为这些物质提供光和热。
- 四颗由岩石组成的小型行星——包括地球——位于距离太阳2AU的范围内。
- 小行星带是一条由小型岩质天体（即小行星）组成的带状区域，距离太阳2～3.5AU。
- 四颗气态巨行星是由氢气、氦气、甲烷和氨气等气体组成的巨型球体，它们的中心隐藏着炽热的、液态或者固态的、地球大小的核。它们距离太阳5～30AU。
- 一条小型天体带延伸到距离太阳最远的太阳系行星——海王星——以外的星际空间。这些小型天体中最大的是冥王星，长期以来它被误认为是行星。
- 奥尔特云是包围着太阳系的巨型外壳，主要由冰和岩石组成的小型天体构成。它所处的位置尚不能被观察到，大概位于太阳到最近的恒星一半距离处。我们之所以知道它，是因为彗星偶尔会从那里掉落进太阳系。
- 一些彗星、小行星和其他小天体在太阳系内部漫游，之后又离开。

延伸思考

太阳的质量占太阳系总质量的99.9%，木星和土星则占剩余质量的90%。

所有的图示距离都是以太阳为端点测量的。这个图表不合比例。

奥尔特云
5 000～100 000AU

天文单位

一个天文单位（AU）等于149 597 871千米。地球和太阳之间的距离就约为1AU。

04.2 太阳系全家福

太阳系的成员大小各异。太阳是其中最年长的，直径139万千米，这一长度几乎是最小的行星——水星——直径的300倍。

进一步比较：木星直径大约是地球直径的11倍，因此木星内部可以容纳1 400个地球。太阳的直径是木星的10倍，所以太阳内部可以容纳900多颗木星，或者120万个地球。

数十亿年之前，太阳系的诞生过程是如此复杂，以至于行星们的大小和成分都全然不同（见本书第96—97页）。就目前情况而言，这其中除了地球以外，人类较为舒适的落脚点只有火星，以及水星较冷的极地区域。

水星
直径：4 879千米
距离太阳：5 790万千米

金星
直径：12 104千米
距离太阳：1.082亿千米

地球
直径：12 756千米
距离太阳：1.496亿千米

火星
直径：6 792千米
距离太阳：2.28亿千米

木星
直径：142 984千米
距离太阳：7.785亿千米

延伸思考

这里展示的行星虽然被按照比例缩小，但是它们之间的距离并不符合真实的比例。这两页纸需要超过1千米长才能显示出太阳到最远的太阳系行星——海王星——之间的距离。太阳和水星间的距离按比例来说也长达18米。

土星
直径：120 536 千米
距离太阳：14.335 亿千米

天王星
直径：51 118 千米
距离太阳：28.725 亿千米

海王星
直径：49 530 千米
距离太阳：45.03 亿千米

太阳
直径：139.2 万千米

04.3 太阳系的诞生

我们现在看到的太阳系诞生于45亿年前，来自一个由氢和其他气体、尘埃混合形成的云团，后者冰冷而暗淡，飘浮在恒星之间，位于一个已有80亿年历史的星系中。

- 这个宽达几光年的云团在自身引力的作用下坍缩，越转越快，形成了一个旋转的圆盘。坍缩释放的能量使云团核心升温，使它成为一颗炽热而发光的原恒星。
- 在旋涡状的云团中，灰尘开始聚集为更密实的团块，并形成大块的岩石和金属。
- 5 000万年以后，太阳中的热核反应“启动”了，由此成为一颗真正的恒星。
- 云中的固体不断碰撞，其中少数就形成了行星。诸如气态的氢、氦、水和甲烷等轻质物质被驱赶出云层较热的内部。
- 在较冷的外部区域，大块的岩石、冰块还有其他冰冻的物质逐渐变大，并且在自己周围聚集了大量气体。
- 在海王星轨道之外，因为物质过于稀薄，所以无法聚集形成行星。
- 木星强大的引力阻止了小型岩质天体形成第五颗带内行星。现在它们作为小行星带而维持原样。
- 由于复杂的引力作用，气态巨行星的位置不断改变，将来自太阳系内部的碎片抛出行星轨道之外。

延伸思考

原始气云的坍缩可能是由附近恒星演化成的超新星爆发引起的，这一外力造成了气体压缩，从而触发了坍缩。

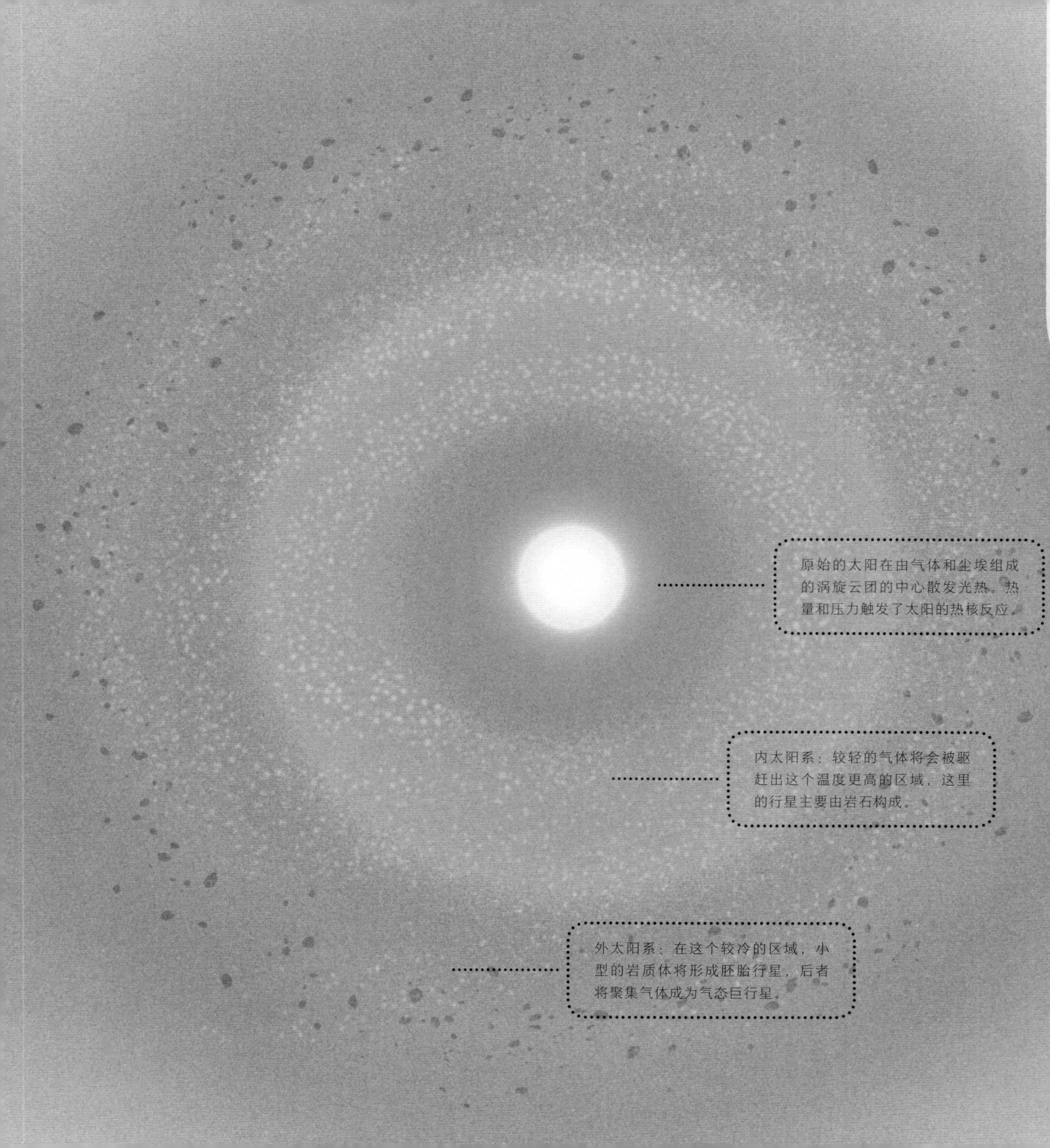

原始的太阳在由气体和尘埃组成的涡旋云团的中心散发光热。热量和压力触发了太阳的热核反应。

内太阳系：较轻的气体将会被驱赶出这个温度更高的区域，这里的行星主要由岩石构成。

外太阳系：在这个较冷的区域，小型的岩质体将形成胚胎行星，后者将聚集气体成为气态巨行星。

04.4 太阳的表面

在过去的45亿年中，看起来平静且稳定的太阳一直主导着太阳系。但是望远镜显示，看似稳定的太阳表面实则汹涌激荡。

米粒组织使得太阳表面斑驳陆离，它们宽约1 000千米，气体在这里上升和下降。在11年的周期里，太阳黑子从出现到数量的增加、体积的扩大，然后再开始衰减，如此循环往复。日食发生时，太阳明亮的圆盘隐藏在月球后面（见本书第110页），我们就可以看到一个发光的红色氢气环，叫作色球。还能观测到日珥——明亮的、红色的细丝状或圆环状物质——在太阳周围跳动。

日冕
太阳稀薄而昏暗的外层大气，温度极高。

延伸思考

如果将太阳在一秒钟内输出的全部能量蓄积起来，以美国目前[①]的能量消耗速度而论，它可以为整个美国持续提供900万年的能量。

① 此书出版时间为2012年，与当下情况可能不符。

耀斑
炽热气体的爆炸，向太阳系发射带电粒子波。

警告！
切勿用双筒望远镜或者普通望远镜观察太阳。你可以使用这些设备将太阳的图像投射到纸或者卡片上，安全地进行观察。透过墨镜或者深色胶片观察太阳也不安全，它们的过滤设计仅仅用于阻挡红外辐射和紫外辐射。

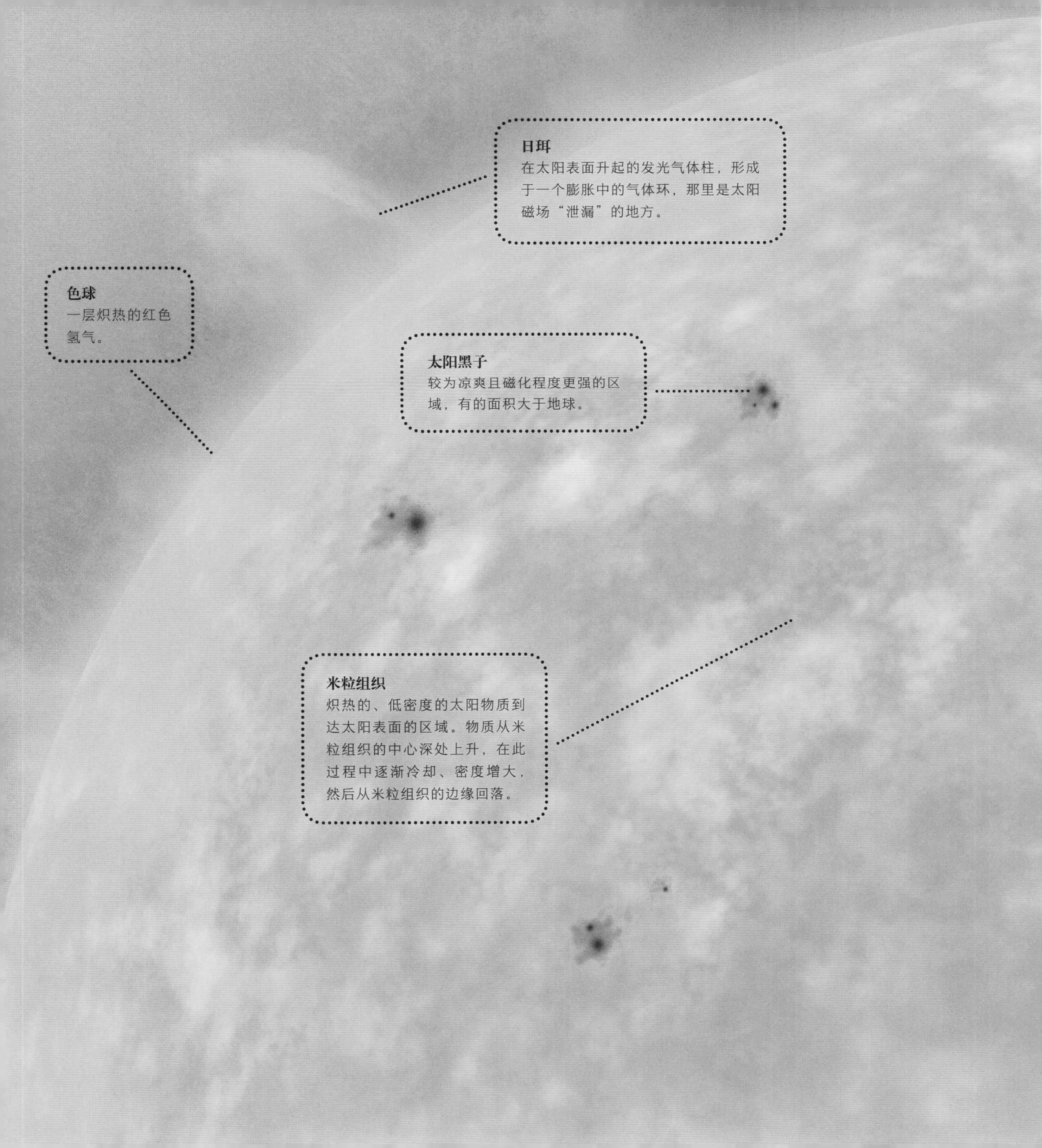

日珥
在太阳表面升起的发光气体柱，形成于一个膨胀中的气体环，那里是太阳磁场“泄漏”的地方。

色球
一层炽热的红色氢气。

太阳黑子
较为凉爽且磁化程度更强的区域，有的面积大于地球。

米粒组织
炽热的、低密度的太阳物质到达太阳表面的区域。物质从米粒组织的中心深处上升，在此过程中逐渐冷却、密度增大，然后从米粒组织的边缘回落。

04.5 解剖太阳

当太阳核心开始热核反应时，太阳就从一颗原恒星成为真正的恒星（见本书第96—97页）。太阳由大约74%的氢、24%的氦和少量其他元素构成。在炽热而致密的气体云核心，这些元素的原子被分解了，因此，在气体云的核心是浩瀚如海的电子，以及游荡在其中的原子核。

氢的原子核相互碰撞并紧密结合在一起，形成了新的原子核——氦，同时将能量以电磁辐射的形式散发出去。太阳于是开始了把氢转化为氦并产生能量的过程，这个过程将持续约100亿年——现在差不多才过了一半……

延伸思考

在太阳的核心，每秒有6.2亿吨的氢被转化为氦。不过，其中的430万吨会完全消失，转化成能量。

直径

- 139.2万千米
- 相当于109个地球

距离地球

- 149 597 871千米

自转周期

- 赤道地区约25.05天
- 两极地区约35天

质量

- 1.9891×10^{30} 千克
- 1.9891×10^{27} 吨
- 相当于33万个地球

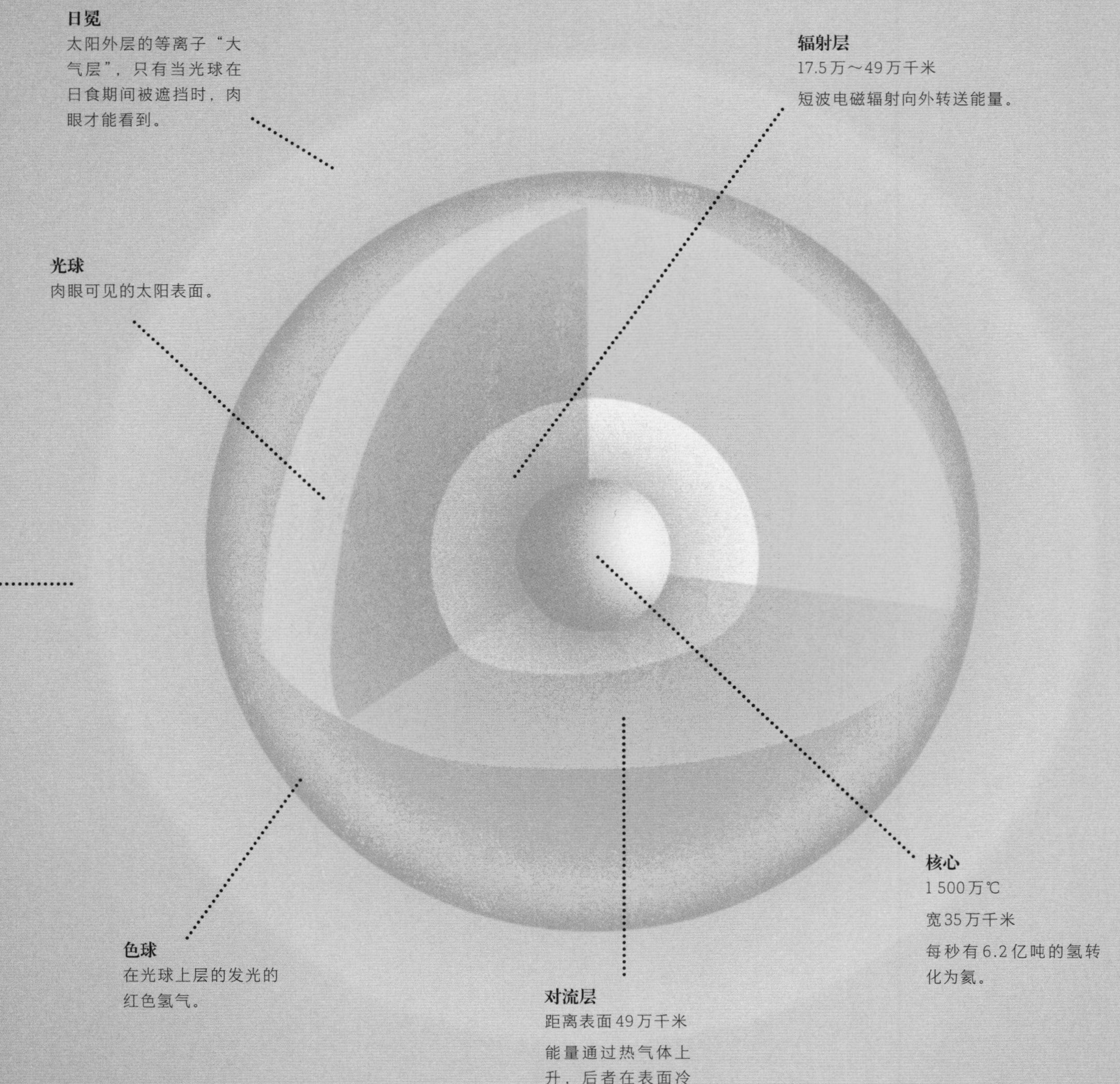
日冕
太阳外层的等离子“大气层”，只有当光球在日食期间被遮挡时，肉眼才能看到。
辐射层
17.5万～49万千米
短波电磁辐射向外转送能量。
光球
肉眼可见的太阳表面。
核心
1 500万℃
宽35万千米
每秒有6.2亿吨的氢转化为氦。
色球
在光球上层的发光的红色氢气。
对流层
距离表面49万千米
能量通过热气体上升，后者在表面冷却后重又下沉。

04.6 水星：烧焦的行星

水星是太阳系最内层的行星，看起来很像月球。它没有空气的、贫瘠的表面布满了形成于40亿年前的陨石坑，那时，仍有数十亿的小型岩质天体在太阳系中游荡，并与新形成的行星发生碰撞。曾经的水星可能大得多，但它的外层却因与异常巨大的天体碰撞而剥落了。这就解释了为什么主要由铁构成的核心的半径占了它整体半径的四分之三。水星上没有像在月球上那样广阔的平原。

因为水星离太阳很近，所以我们只能在日落后或者日出前短暂地看到它。在地球上，每隔116天——将近两个水星的自转周期——观察一次水星是最合适的。也就是说，在这些时间里它总是向我们呈现出相同的一面。这曾导致天文学家误以为水星的自转周期是88天——等于它的“年”（公转周期）的时长——而不是58.6天，也就是一“年”的三分之二。直到1965年，天文学家接收到从水星反射回来的雷达脉冲信号，才发现了真相。

延伸思考

即使是水星，将来也可以给来自地球的客人提供水源。水星两极附近的陨石坑中有冰层，阳光永远照射不到它们。

质量

- 3.3022×10^{20} 吨
- 相当于0.055个地球

直径

- 4 879千米

自转周期（“日”）

- 58.6 天

距离太阳

- 5 790万千米

公转周期（“年”）

- 88 天

卫星数量

- 0

水星的运动轨道困扰了好几代天文学家：它是一个椭圆，这一点符合开普勒第一定律（见本书第42—43页），但它实际的近日点进动与根据经典力学计算出的数值不符。可能的原因之一是存在一颗没被发现的距离太阳更近的行星①，它干扰了水星的轨道。然而这样的行星并不存在——爱因斯坦在1916年通过他的广义相对论解释了这一现象。

① 即祝融星（火神星），是早期为了解释水星实际的近日点进动与计算出的数值的差异而被假设存在的一颗行星。按经典力学的方法计算，在太阳和其他行星的引力摄动下，水星的近日点在每世纪会进动约531.63角秒，但实际观测的数字是约574角秒，与预期的相差43角秒，于是人们便假设，在水星轨道以内尚有一颗未被发现的行星。——编者注

04.7 金星：来自地狱的行星

金星最亮的时候犹如熠熠生辉的宝石，悬挂在清晨或傍晚的天空中，明亮到足以使物体投下影子。实际上，金星的亮度与把它包得严严实实的云层有关。过去，即使是谨慎的天文学家也认为——那些云层下可能隐藏着炎热的、潮湿的雨林。金星上可能有过大量的水，但现在的它太热了，不可能存在水。

云层下的表面温度高达 470℃，炽热到足以使铅熔化。这些耀眼的白云由水滴状的硫酸组成——如果金星上有雨，那也是硫酸雨，并且在到达地面之前就蒸发了。金星的大气几乎完全由二氧化碳构成，后者的含量是如此巨大，以至于金星的表面气压达到了地球的92倍。由此造成的温室效应使得金星的温度比水星更高。

延伸思考

当天文学家第一次收到从金星表面反射回来的雷达脉冲时，他们惊讶地发现，与其他太阳系行星相比，金星是反向自转（逆行）的，其自转周期约为243个地球日。

通过多年来的雷达测绘，绕金星运行的“麦哲伦号”金星探测器展示了始终隐藏在云层之下的金星表面。尽管本页是一幅假色图像，但所选的颜色十分接近金星岩石的红色色调。较为明亮的色调表示更高的地方。图像下方长长的浅色区域是阿佛洛狄忒台地，那是一片顺着赤道延伸的高原区。

质量

◆ 4.87×10^{21} 吨

◆ 相当于0.815个地球

直径

◆ 12 104千米

◆ 地球直径的0.95倍

自转周期（“日”）

◆ 243天

距离太阳

◆ 1.082亿千米

公转周期（“年”）

◆ 224.7天

卫星数量

◆ 0

04.8 地球：唯一的家园

地球位于太阳系的“黄金地带”，这里离太阳不远不近，所以地球表面就像“熊宝宝的粥”[①]一样不冷不热，因此才有液态水存在。

地球也有内部热量。其中一些是原始气云凝结成原地球时所产生的热效应遗留下来的，但大部分热量来自散布在地球上的少量放射性矿物。这种内部热量意味着地球有一个高温液态核（实际上液态的是外核，最内的核心是固态的），它就像发电机一样制造了地球磁场。高温还会使覆盖在上面的、被称为“地幔”的岩石层像平底锅里的热汤那样翻滚搅动。这种运动不断重塑着我们赖以生存的地壳。

① “熊宝宝的粥”这一说法源于英国作家罗伯特·骚塞（Robert Southey）创作的童话故事《三只熊》（*The Story of the Three Bears*）。故事中，熊爸爸的粥太热，熊妈妈的粥太凉，只有熊宝宝的粥不热不凉刚刚好。

延伸思考

地球上最常见的元素是铁（占32%），其次是氧（占30%）。它们在岩质的地幔和地壳中与其他元素结合，但是地核几乎是纯铁，还含有一些镍[①]。在大气中，最常见的元素是氮。按照分子的数量计算，氮占大气的78%，氧仅仅占大气的21%。

① 实际上，地核中据推测还存在着其他比铁轻的元素，只不过占比极其微小。——编者注

质量

◆ 5.974×10^{21} 吨

直径

◆ 赤道直径 12 756 千米

◆ 两极直径 12 714 千米

自转周期（日）

◆ 23.93 小时

距离太阳

◆ 1.496 亿千米

公转周期（年）

◆ 365.26 天

卫星数量

◆ 1

大气层

它没有明确的上部界限：16 千米以下的大气占其质量的 90%。

地壳

深度： 0～60 千米

较轻的固态岩石漂浮在液态的热岩之上。地壳在形成海洋盆地的部分很薄，在形成大陆的部分相对更厚。

内核

深度： 5 150～6 360 千米

内核直径为 2 400 千米，它主要由比太阳表面还要炽热的铁构成，被上层覆盖的物质挤压成固体。

海洋

深度： 10.9 千米

这种由液态水构成的地表海洋在太阳系中是独一无二的。

地幔

深度： 35～2 890 千米

在这里，炽热的物质在对流的岩层中不断上升、冷却和下沉，驱动着大陆的漂移。

外核

深度： 2 890～5 150 千米

由熔化的铁和镍构成。外核中的电流产生了地球磁场。

04.9 地球：生机勃勃的星球

在许多因素的共同作用下，地球成了适合生命繁衍的家园：

- 大气使地球的表面保持温暖，使得液态水的持续存在成为可能，由此为生物体提供了传输介质。
- 地球的磁场保护地球表面不受来自太阳乃至银河系以外的高能粒子的影响，并防止大气层脱离地球。
- 由地幔中的对流运动形成的动态地表从大气中吸收二氧化碳，从而保持了地面温度与气压适中。
- 位于大气层高处的臭氧层阻隔了阳光中大部分的紫外线，保护生物体不受伤害。

大气中的氧气具有高度的反应活性。地球上的植物首先创造了富氧的大气层，现在依然在不断补充氧气。如果天文学家在围绕着其他恒星的行星上探测到富氧大气，那么这将成为生命存在的强烈信号。

延伸思考

地球并非在诞生之时就有这么多水。很大一部分水来自太阳系外部区域的冰质天体（如彗星），它们撞向年轻的地球，同时也带来了水。

在地球最初的10亿年中，第一个复杂的自我复制的分子形成了，尚不知晓其形成的地点是在深海、湖泊还是寒冷的冻土地带。繁殖中的变异与自然环境的选择导致生命繁殖的形式日益复杂。

04.10 月球：我们夜晚的光源

月球的“反复无常”源于它和太阳之间不断变化的位置关系。当被照亮的部分增大或缩小时，月亮就开始了它的盈亏变化。举个例子，当月球正对着太阳，且面向我们的一侧被照亮时，我们就看到了满月。

满月过后，月球大约需要27天8小时才能围绕地球转一圈。在此期间，地球围绕太阳公转，月球和地球一起走过了地球公转约1/12的路程，月球返回到满月时的位置则需要更长一点的时间。因此，月球经过所有相位的时间大约是29天13小时。

在满月的某些时候，部分或全部的月球进入地球的阴影，就形成了月食。

延伸思考

偶尔，月球在天空中看起来几乎和太阳一样大。新月的某些时候，月球正好在地球和太阳中间运行。当月球的阴影落在地球上时，或多或少会遮挡太阳，就会短暂地出现日食。

质量

- 7.35 × 10^{19} 吨
- 相当于0.0123个地球

直径

- 3 476千米

自转周期 = 公转周期

- 27.3 天

距离地球

- 38.44万千米

卫星数量

- 0

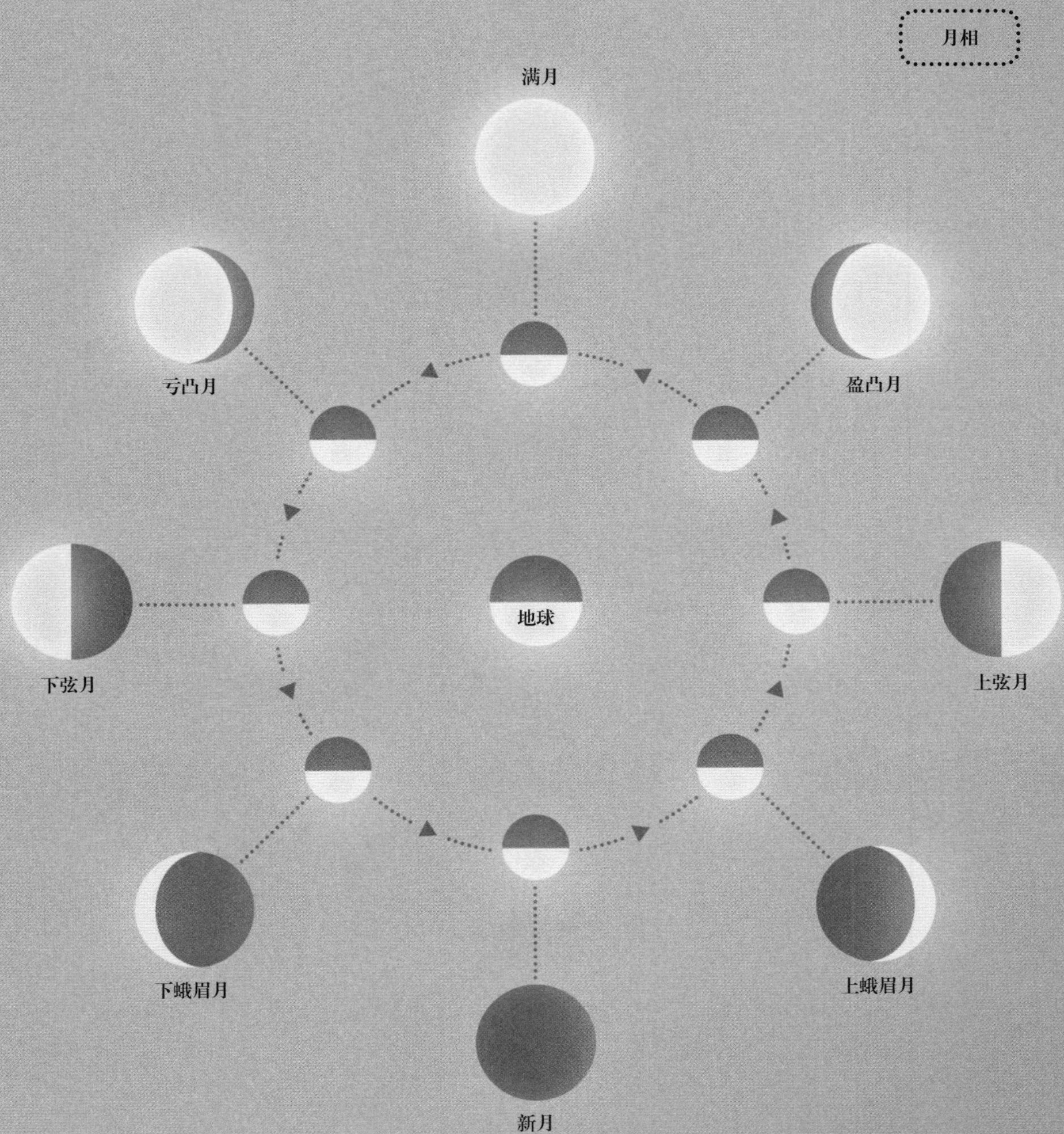
月相
满月
亏凸月
盈凸月
下弦月
地球
上弦月
下蛾眉月
上蛾眉月
新月

04.11 月球：地球的伙伴

月球是一片干旱的、没有空气与生命的不毛之地。在长达两周的月球白昼里，其表面被太阳烤焦。在之后同样长达两周的月球夜晚，其表面温度低至-170℃。我们肉眼能看到的黑斑叫作“maria”，也就是“海”的拉丁文写法。它们也确实曾经是海洋——熔岩之海，只不过现在已经凝固成岩质平原了。

月海从月球内部喷发出来，覆盖了之前的一切。在其他一些地方，如月球高地，古老的景观则保留下来。那里被成千上万的环形山覆盖，就像一片巨大的战场。太阳系形成初期，小型岩质天体的无数次轰击造就了这些环形山。一些环形山中喷射出的浅色物质，呈放射状延伸开数百千米。

直到1968年阿波罗8号首次环月航行，人们才第一次见到了月球的背面。那里几乎没有月海，表面崎岖不平。

延伸思考

1972年12月19日，阿波罗17号登月计划结束，尤金·塞尔南成为目前为止最后一个在月球上行走的人。不过月球上其实还有其他人——另一位尤金。1999年7月，“月球勘探者”探测器将美国天文学家尤金·舒梅克（1928—1997）的部分骨灰撒到了月球上。

月球的诞生

当前最受认同的理论认为，月球诞生于45亿年前。那时，一个和现在的火星差不多大小的天体与地球相撞，天体的残骸和地球的外层物质一同被抛向太空，其中有的再也没有回来，有的落回了地球。还有一些物质积聚在一个环绕着地球的轨道上，于是就形成了月球。这就解释了为什么月球和地球外层岩石的成分相似。

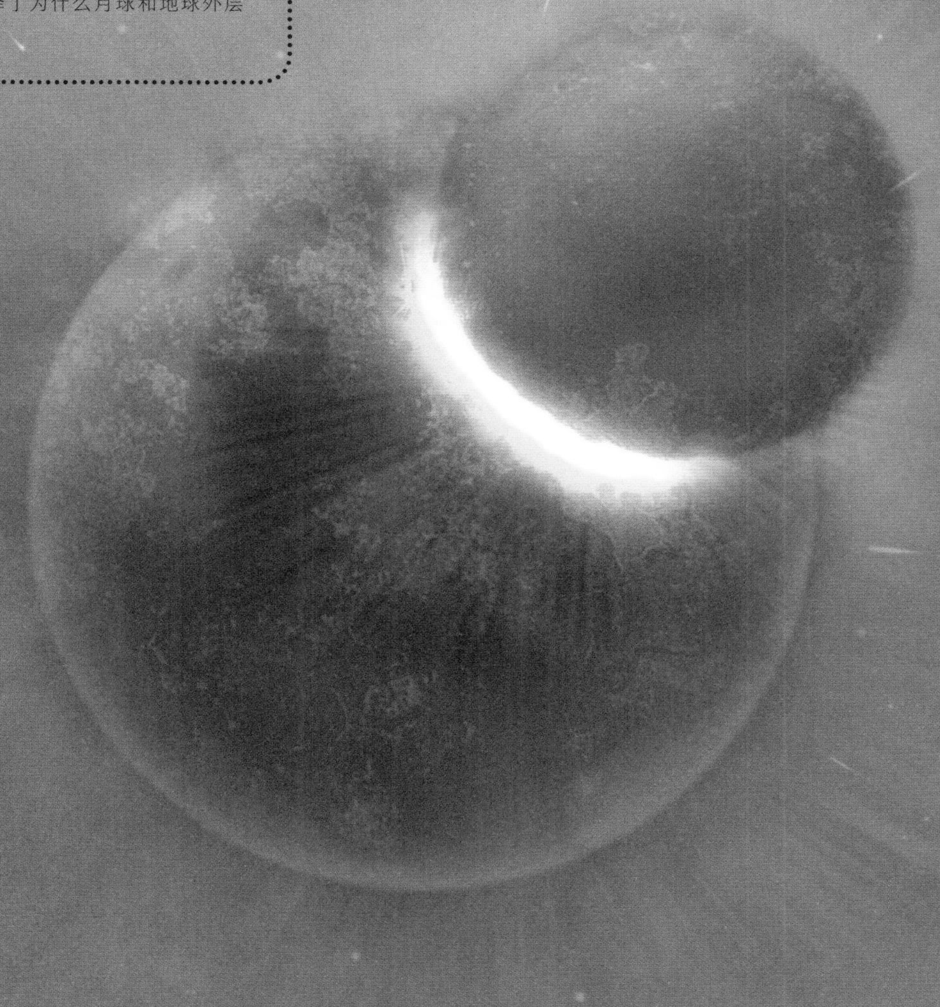

04.12 火星：红色的行星

火星每两年到达一次距离地球最近的位置，成为一颗在夜空中闪耀的明亮而邪恶的红色“恒星”。在19世纪，人们通过望远镜发现，火星是一颗在某些方面与地球非常相似的星球：它有着明亮的白色极冠，当火星上的夏天到来的时候，极冠会收缩，同时，其他地方的深色斑纹则扩展开来，这表明它们可能是植被。

曾有一种流行观点认为，火星是一颗“垂死”的行星，它曾经和地球一样苍翠繁茂，然而现在却是一片荒原。这样的火星成了无数幻想冒险的发生地，例如埃德加·赖斯·巴勒斯——泰山[①]的创造者——创作的那些火星故事。它也是那些无数次攻击地球的外星人的基地，就像H.G.威尔斯在1898年出版的名著《世界大战》中描述的那样。当太空探测器发现这颗行星的真实面貌（见本书第116—117页）时，小说家们不得不对小说内容进行相应调整，但火星仍然是他们驰骋想象的最佳场所。

合适的治理对象

科学家已经提议将火星地球化，也就是使其变得适合人类生活。关于如何为火星提供浓厚而温暖的氧气层以及充足的水源，已经有了各种各样的建议方案。火星的两极有大量冰冻的二氧化碳，如果将它们解冻，火星的温度就会上升。

延伸思考

意大利天文学家乔瓦尼·斯基亚帕雷利公布的火星地图上有一些细长的线，他认为是“水道”——意大利语中的“canali”。他认为，夏季时水从冰盖流出，使得植物在赤道附近生长起来。其他很多观察者也认为他们能看到这些线。一些科学家——特别是美国天文学家帕西瓦尔·罗威尔——判定这些水道实际上是智慧生命建造的运河。

① 即“人猿泰山”，巴勒斯创作的一系列畅销小说的主角。

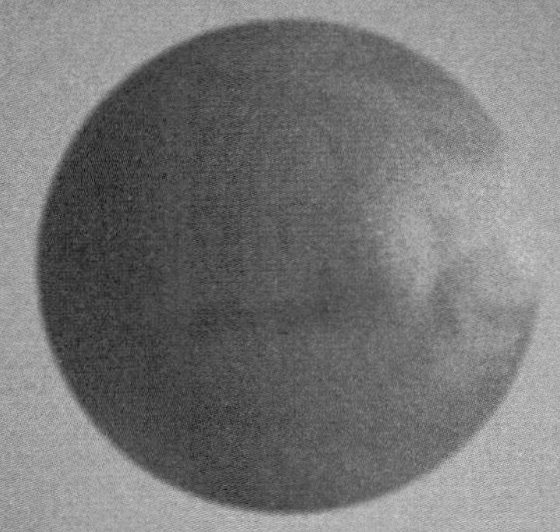

如今的火星

火星寒冷、干燥，不适合生命定居。火星的红色荒漠由淡红的富铁岩石组成——从本质来说，就是铁锈。

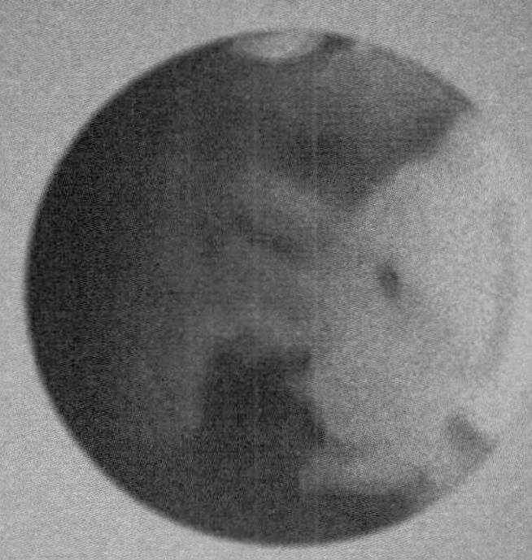

制造雨水

或许可以通过火箭运送CFC温室气体到火星，或者在两极散射烟尘吸收阳光，使火星表层升温，释放冰冻的二氧化碳，最终使水蒸气进入大气层，变成雨水落下。

火星的绿化

当盆地里的水蓄积成海时，来自地球的植物可以在这个更加温润的行星上茁壮生长。

一个新地球

几千年后，人类和克隆自地球种群的动物可以生活在这个改造后的星球上。

04.13 现实中的火星

1965年，美国“水手5号”探测器首次拍摄到了火星的特写照片，看到火星上没有运河，天文学家并不惊讶。让他们惊讶的是，火星的南半球到处都是环形山。由于地面望远镜呈现的火星图像比较模糊，所以几乎没有人预想到会是这样的景象。

- 火星大气几乎全部由二氧化碳组成。它非常薄，在火星表面地势最低的区域——那里的大气压力最高——气压也只有地球上的1%左右。
- 火星的冰盖由水冰构成。南部的冰盖覆盖着一层厚厚的、永久冰冻的二氧化碳。北部的冰盖在冬天有较薄的二氧化碳覆盖层，后者会在夏天时升华（蒸发而不变成液体）。
- 超过四分之一的大气在寒冷的极点不断凝固、升华，因此火星上的大气压力变化很大。尽管如此，稀薄的大气却掀起了巨大的沙尘暴，掩盖了整个星球的细节。
- 被称为“水手谷”（以发现它的太空探测器命名）的巨大的峡谷体系贯穿了火星赤道的四分之一。
- 火星拥有太阳系中已知最高的山——奥林波斯山。它比周围的地面高出2.2万米，而地球上最高的珠穆朗玛峰仅比海平面高出8 848[①]米。而且，奥林波斯山非常广袤，坡度也很平缓，以至于站在山脚或山顶的人几乎无法体会到它惊人的高度。

火星的表面

火星表面由淡红色的、富含铁的岩石和沙砾组成。这里有很多历经数千年风化侵蚀的环形山。火星表面的很多地方有侵蚀形成的沟渠，很明显是流水造成的。

---

① 关于珠穆朗玛峰的高度，尼泊尔等国采用的雪盖高（总高）是8 848米，与中国测绘工作者于1975年测量的数值一致。2005年，中国国家测绘局测量的岩面高（裸高，即地质高度）则为8 844.43米，目前国内采用的也是这一数值。——编者注

质量

- 6.42 × 10^{20} 吨
- 相当于 0.107 个地球

直径

- 6 792 千米

自转周期（“日”）

- 24.62 小时

距离太阳（取平均数）

- 2.28 亿千米

公转周期（“年”）

- 687 天

卫星数量

- 2

延伸思考

火星有两颗小卫星，火卫二（Deimos，即“恐惧”）和火卫一（Phobos，即“畏惧”）。靠内侧的火卫一在7小时39分钟内迅速环绕火星一圈，比火星自转的速度快得多。因此，从火星表面看去，火卫一似乎是从西方升起，东方落下。在1726年出版的《格列佛游记》中，乔纳森·斯威夫特诡异地预言了火星有两颗卫星。在格列佛的第三次航行中，他访问了拉普塔，那是一个被疯狂的科学家们统治的飞岛，他们告诉了格列佛关于火星卫星的（并不太准确的）细节。直到1877年，人们才在现实中发现了火星的卫星。

第五章

行星中的巨人和侏儒

05.1 木星：行星中的帝王

太阳系内最大的行星——木星——用它巨大的质量主宰着太阳系。木星的引力阻止了在自己和火星之间形成另一颗行星（见本书第52—53页）。它还影响着邻近的行星——土星（质量是木星的30%）——的运动：木星围绕太阳旋转五圈的时间，土星只能围绕太阳旋转大约两圈。

木星质量的3/4是氢；其余的主要是氦，除此之外还有少量的氨、甲烷以及其他物质。木星的快速自转导致其赤道处出现了明显的隆起，出现了平行于赤道的亮云带和暗云带。

在木星内部，温度和压强随着深度的增加而升高。其内部大多是被挤压为类金属状态的氢，木星中心可能有一个由氢和岩石混合形成的固体核。

延伸思考

1994年，彗星“舒梅克-列维9号”撞上了木星。虽然撞击发生在距离地球更远的背面，无法在地球上观测到，但是这一情况被“伽利略”空间探测器观测到了。随着木星的旋转，连续几个月都能在大气层中看到彗星撞击留下的痕迹。

质量

- 1.899 $\times 10^{24}$ 吨
- 相当于318个地球

直径（赤道直径）

- 142 984千米

自转周期（“日”）

- 9.92小时

距离太阳

- 7.785亿千米

公转周期（“年”）

- 4 331.6天

卫星数量（至少）

- 64

木星是一颗庞大的行星，其宽度约为地球的10倍，表面环绕着明亮和阴暗的云带。

大红斑

大红斑是一场比地球还大的风暴，几个世纪以来一直在木星的南半球肆虐。

卫星和阴影

当卫星运动至木星和太阳之间时，它的阴影会投射在木星表面。

05.2 木星：小型太阳系

木星至少有64颗卫星，随着新卫星的发现，这个名单还在持续扩大。毋庸置疑，木星过去拥有的卫星更多，只是当它贪婪地将新来的小个儿过路者拖进大家庭时，原来的卫星反倒被吞并了。

最内层的八颗卫星是与木星同时在太阳系的原始气云和尘埃中诞生的。其中四颗是岩质的小型卫星，类似于太阳系的岩质行星。另外四颗是木星最大的卫星。其中最接近木星的是木卫一，在穿过木星引力的不同区域时，它不断受到拉伸和挤压，于是温度升高，并且形成了火山。另外两颗大型卫星木卫二和木卫三受引力影响较小，但其温度也足以使内核熔化。到了四颗大型卫星中最靠外的木卫四这里，引力所致的升温就微乎其微了。

剩下的卫星是在太阳系其他地方形成的遥远的小天体，它们被木星捕获而成为卫星。它们的运行轨道是倾斜且拉长的，有时它们会逆行——以“错误”的方式围绕木星运动。

延伸思考

直到1979年，当“旅行者1号”太空探测器近距离观察木星时，才发现它有一个昏暗的环。它是由最内层的小型卫星表面在受到陨石撞击后扬起的尘埃形成的。

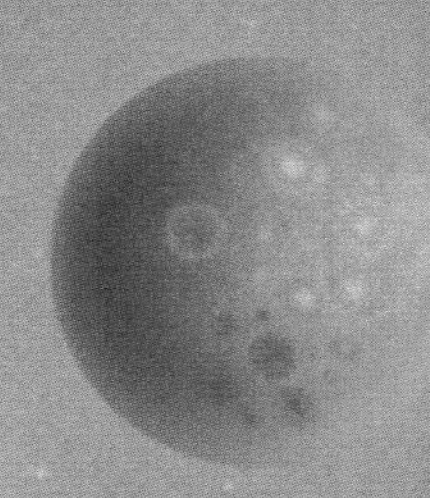

木卫一

木卫一是伽利略发现的四颗卫星中最小的那颗，它离木星最近，并且它可能是太阳系中除太阳以外最活跃的天体。火山喷发出的硫把它的表面染成了浓黄色。

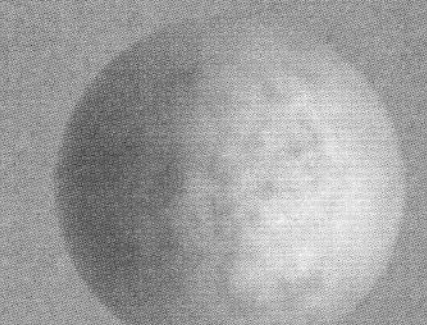

木卫二

木卫二的光滑表面是水冰构成的，其上裂缝纵横交错。从地下涌上来的暖流搅动着地表，抹去了所有撞击造成的痕迹。

伽利略卫星

1609—1610 年，至少有两名科学家首次将望远镜对准天空，发现了木星最大且最亮的四颗卫星。其中一位是德国天文学家西门·马里乌斯。另一位是伽利略，一位把自己的研究成果当作武器，为新世界观和新物理学而战的意大利天才，这四颗卫星也以他的名字命名。

木卫三

它是太阳系最大的卫星，甚至比水星还要大。它由冰和岩石组成，不过它有一个磁场，可能是在熔融的内核中产生的。

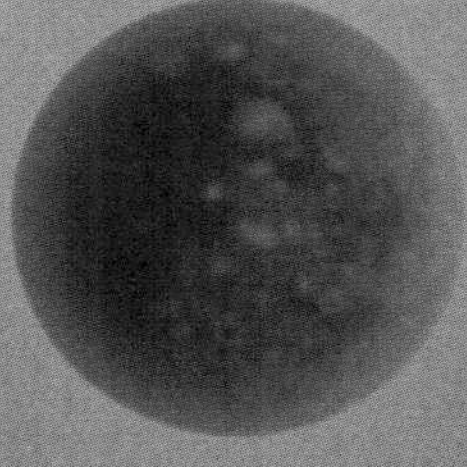

木卫四

木卫四是一个由冰和岩石构成的黑色球体，体积和水星差不多。它的表面没有经过火山活动的重塑，而是被古老的陨石坑弄得伤痕累累。

05.3 土星：有环行星

天文学家通过望远镜所能看到的最美的景象一定来自土星。它宽阔明亮的环由冰粒环绕而成，从谷粒大小到汽车大小，这些冰粒体积不等。土星自转速度很快，以至于它看起来像是“被压扁了”，其两极直径比赤道直径短了10%左右。

实际上，土星的平均密度小于水的密度，但它有一颗炽热的、致密的岩质核心。作为一个气态行星，土星质量的90%是氢，其余大部分是氦。土星上的风暴看上去是浅色的椭圆形斑点，它们被称为“斑”，每一个土星“年”（大约是29.5个地球年）都会形成一次大白斑风暴。与木星上的大红斑（见本书第121页）相比，大白斑简直不值一提。

延伸思考

1610年，伽利略首次通过望远镜观察土星，看到的土星有点奇怪——他认为土星是由三部分组成的天体，或者是带有“耳朵”的单个天体。1612年，当土星的环侧对地球时，“耳朵”却看不见了。但是到了第二年它们又出现了。伽利略对此感到困惑。直到1655年，荷兰天文学家克里斯蒂安·惠更斯才意识到，土星被一个环包围着。

质量

- 5.685 × 10^{23} 吨
- 相当于 95.1 个地球

直径（赤道直径）

- 120 536 千米

自转周期（“日”）

- 10.7 小时

距离太阳

- 14.335 亿千米

公转周期（“年”）

- 10 759 天

卫星数量（至少）

- 62

05.4 土星：细环和扭结

20世纪80年代初，“旅行者号”探测器拍到了第一张土星环的近景照片，这令太空科学家们感到震惊。没有人料到它们的构造如此复杂。一些科学家由此质疑，我们对于引力的理解是否存在一些未知的错误。

- 从地球上观测到的宽阔的光环是由成千上万的纤细的光环组成的，后者又被称为“细环”。
- 一些细环上有瞬变的扭结，使其看起来像一条辫子。
- 土星环的辐射条纹时而显现，时而消逝。
- 暗淡而稀薄的土星环被发现了，这本不足为奇，奇怪的是，它们有时会发生缺损，变成弧形。

目前，我们对土星环的认知越来越深入，并且这些认知与牛顿的引力定律并不相悖。

土星的卫星是土星环形成的重要因素，原因是：

- 有时，是卫星控制着土星的环缝。例如，卡西尼环缝就由位于环外的土卫一控制。如果有粒子闯入环缝，土卫一绕轨运行一周时，粒子恰好绕轨运行两周，粒子就会受到干扰，被迫离开轨道。
- 土星环是环内卫星清理出来的。例如，土卫十八就沿着恩克环缝运行。
- 土星环上粒子团聚集并形成辐条，这似乎是由电力引起的。
- 当卫星经过时，土星环上会出现涟漪和波浪。

这些环可能是某颗卫星的碎片，当它过于靠近这颗巨大的行星时，要么是被撞碎，要么是被土星的引力拆解了。无法确定这是在太阳系早期发生的，还是后来发生的。

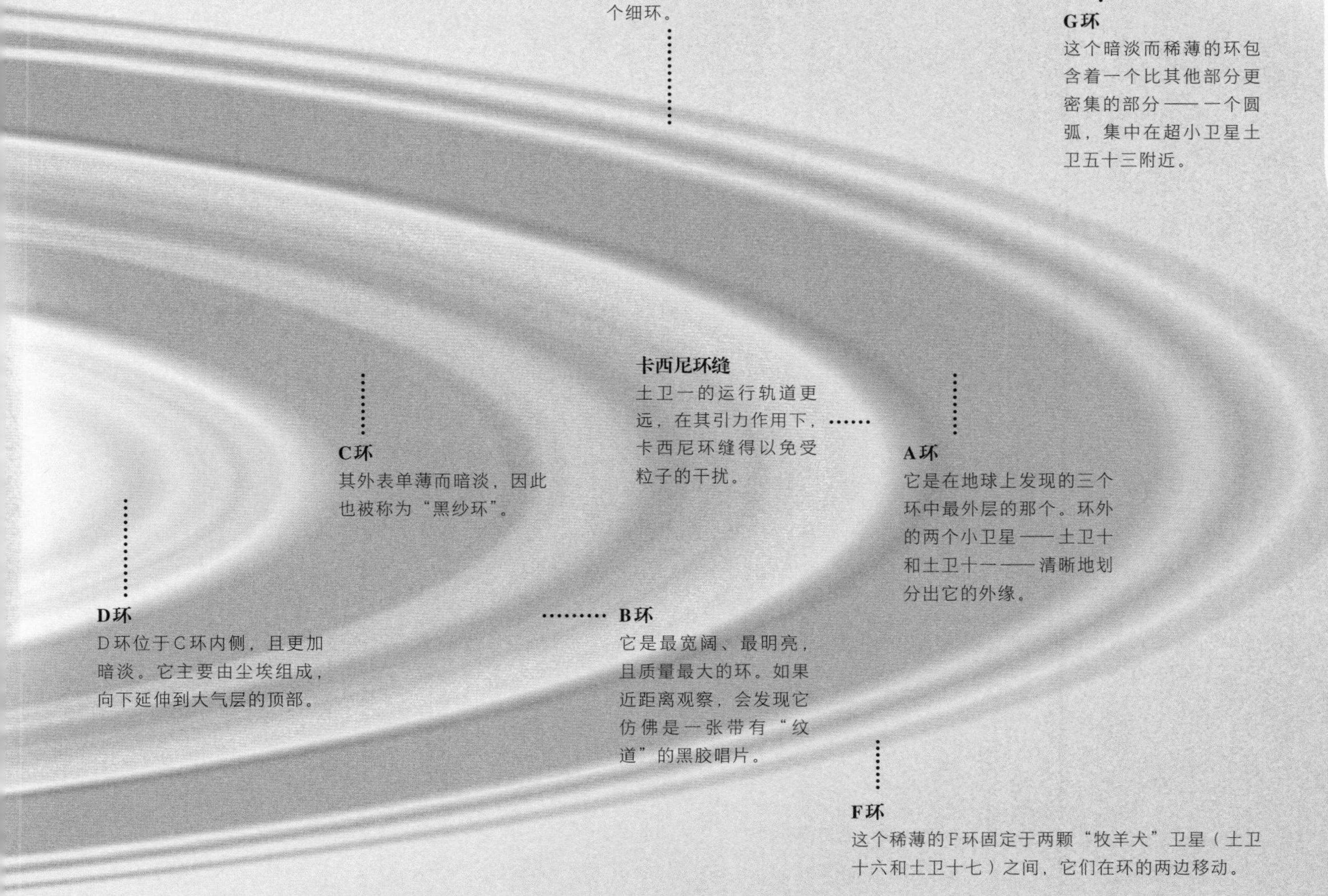

恩克环缝
土卫十八在这个间隙中缘轨运动，清除了其中的粒子。不过，缝隙中仍有几个细环。

G环
这个暗淡而稀薄的环包含着一个比其他部分更密集的部分——一个圆弧，集中在超小卫星土卫五十三附近。

卡西尼环缝
土卫一的运行轨道更远，在其引力作用下，卡西尼环缝得以免受粒子的干扰。

C环
其外表单薄而暗淡，因此也被称为“黑纱环”。

A环
它是在地球上发现的三个环中最外层的那个。环外的两个小卫星——土卫十和土卫十一——清晰地划分出它的外缘。

D环
D环位于C环内侧，且更加暗淡。它主要由尘埃组成，向下延伸到大气层的顶部。

B环
它是最宽阔、最明亮，且质量最大的环。如果近距离观察，会发现它仿佛是一张带有“纹道”的黑胶唱片。

F环
这个稀薄的F环固定于两颗“牧羊犬”卫星（土卫十六和土卫十七）之间，它们在环的两边移动。

E环
这个巨大而弥散的最外层环（比本页边缘能展示的距离远得多）由土卫二“冰火山”①上的细小颗粒组成。

延伸思考

如果将土星环中的所有物质聚集成一团，最终得到的球体可能会比直径约400千米的木卫一还要小。

① 冰火山虽被称为“火山”，其实是存在于地外天体上的与火山相似的一种地貌，通常出现在冰冻卫星或是其他一些低温（表面温度低于-150°C）的天体上（如柯伊伯带上的天体）。与火山不同的是，冰火山不会喷发熔岩，它喷发出的是水、氨、甲烷一类的挥发物。

05.5 土星的卫星

有超过60颗卫星簇拥着土星，这既不包括组成土星环的无数冰粒和冰块，也不包括数量未知的直径不超过400米的超小卫星或迷你卫星——它们在环内运动，并形成了许多复杂的结构。

在经历了六年多的飞行以后，“卡西尼号”土星探测器于2004年到达土星，并对土星环的系统和卫星的系统进行了全面细致的探索。这次任务的重中之重是发射“惠更斯号”着陆器，使它穿过土卫六——土星最大的卫星——厚厚的大气层，并在那里着陆。着陆器在降落过程中传回了崎岖的山地地貌的照片。着陆后，它展示了着陆点附近的地表，那里散布着“鹅卵石”——可能是冰块。

延伸思考

1671年，当乔瓦尼·卡西尼发现了土星的第三大卫星土卫八的时候，他只能在土星的一侧看到它，当它移动到另外一侧时就消失了。这使他困惑不解。他意识到这个卫星逆轨道方向的一侧是明亮的，另一侧则覆盖着颜色更深的物质，这些物质要么来自卫星内部，要么就是从太空中席卷而来的。

土卫二

土星第六大卫星，是一颗冰冷却活跃的星球，表面布满沟槽和悬崖。“冰火山”经常爆发，这表明地表下可能有液态水，甚至有生命存在。

土卫四

土卫四是一颗有着岩质核心的冰球。地质活动造成了数百米高的冰崖，其中有一些显然是新形成的。

土卫六

它是太阳系第二大的卫星（木星的木卫三是最大的），直径是地球的40%。其稠密的大气主要由氮气组成，还包括一些甲烷，它们形成的橙色烟雾阻挡了可见光的透射。这颗卫星上还有液态的甲烷湖。

土卫九

土卫九上破碎的地表揭示了它被撞击的历史。这颗卫星绕土星逆向旋转，因为它是在太阳系其他地方形成后才被“俘获”的。

05.6 天王星：倾斜的行星

天王星是历史上第一颗被用望远镜发现的行星（见本书第50—51页），它位于土星之外很远的地方，而土星本身离太阳就已经很远了。它是一颗蓝绿色的气态巨行星，看起来像是在轨道上“斜躺”着运行。天文学家们认为，在太阳系的早期，天王星与一个和地球差不多大小的天体碰撞，由此产生了倾斜。其结果是它的两个极点先后指向太阳，分别长达半“年”——一个天王星“年”大约是84个地球年。在这段时间里，这颗行星的一半享受着夏天，尽管在这个夏天，太阳的亮度仅仅是地球上的1/400。

天王星比木星和土星都小，其直径仅仅是地球的四倍。它的颜色来自上层大气中的甲烷烟雾。厚厚的大气层与木星和土星上的相似，主要由氢和氦组成，但还包含了更多的水、氨、甲烷和其他化合物。天王星也有一个炽热的岩质核心。

只有当天王星从恒星前方经过并造成了恒星的闪烁时，才能观测到它稀薄而昏暗的环。

延伸思考

天王星的自转是逆向的，与其他行星绕太阳公转的方向相反。当行星以“错误”的方向旋转时，哪个极点才是北极？你可以说它是行星逆时针（对地球而言）旋转的那个极。但国际天文学联合会判定它是另一极，因为它指向地球上所谓的北半边天空——大致以北极星为中心的半边（见本书第22—23页）。

天王星的环与其赤道平行，几乎与行星的轨道形成直角。与土星的环相比，它们稀薄而昏暗。明亮的白色甲烷晶体云点缀着行星上蓝绿色的甲烷烟雾。

质量

◆ 8.68×10^{22} 吨

◆ 相当于14.5个地球

直径(赤道直径)

◆ 51 118千米

自转周期(“日”)

◆ 17.2 小时

距离太阳

◆ 28.725亿千米

公转周期(“年”)

◆ 84.3 年

卫星数量(至少)

◆ 27

05.7 海王星：最远的行星

海王星像是天王星更为活跃的孪生兄弟。它的质量稍大一些，但是由于多出的质量挤压了行星内部，它的体积反而稍小一些。和天王星一样，海王星的外部区域主要由氢和氦组成，岩石以及其他化合物则构成了炽热的内核。由于未知的原因，海王星看起来比天王星更蓝。我们对海王星最详细的了解来自唯一一个造访过这颗行星的探测器——“旅行者2号”，它在1989年飞越了海王星。

海王星最初是在纸上被发现的，后来才被望远镜确认。英国天文学家约翰·柯西·亚当斯和法国数学家奥本·勒维耶分别独立地计算出一颗未知行星的位置，它似乎对天王星的运动造成了干扰。虽然互不相识，但他们计算出的未知天体的位置非常相似。根据勒维耶的预测，德国观测者约翰·伽勒于1846年9月23日发现了海王星，它很接近预测的位置。亚当斯的预测由一个粗心的英国观测者詹姆斯·查理斯跟进着，即使海王星曾经出现在他的视野内，他也没有发现。最终，亚当斯还是作为海王星的共同发现者得到了人们的认可。

延伸思考

海王星有五个已被命名的环，还有一些不太显眼的无名环。在明亮的亚当斯环中，有五个弧，或者说五个物质更密集的区域。这些弧长期存在，自“旅行者2号”首次观察到它们以来，几乎没有什么变化。由于一个或者多个卫星的引力作用，它们被控制在现在的位置上，陨石撞击卫星引发的爆炸为它们提供了物质。

海王星蓝色的圆盘在外太阳系的阴影中若隐若现，在那里，它能接收到的阳光仅有地球的1/900。海王星的大气中有时会出现地球大小的黑点。它们是类似于木星大红斑的风暴，但持续时间没有那么长。

质量

- ◆ 1.0243×10^{23} 吨
- ◆ 相当于17.1个地球

直径

- ◆ 49 530千米

自转周期（“天”）

- ◆ 16小时7分钟

距离太阳

- ◆ 45.03亿千米

公转周期（“年”）

- ◆ 164.8年

卫星数量（至少）

- ◆ 13

05.8 外太阳系的卫星

天王星和海王星的已知卫星数量分别是27个和13个。就像木星和土星的大多数卫星一样，它们的卫星都有冰冻的表层，地表之下可能有液态水构成的海洋。天体生物学家认为这些地方可能有生命存在。

在太阳系巡视一圈将会发现，很多卫星的特征都值得留意：

- 天卫五是天王星的主要卫星中最小的一颗，其表面大部分被冰覆盖。那里有高达20千米的悬崖，高度是珠穆朗玛峰的两倍。
- 天卫三是天王星最大的卫星，它由一半岩石以及一半冰冻物质——如二氧化碳、水和甲烷等——组成。
- 海卫一是海王星最大的卫星，它大到足以用引力将自己拉成球形。它绕着海王星逆向旋转，即与行星的自转方向相反。海卫一可能是在海王星轨道以外的地方形成的，后来才被俘获。
- 海王星的内层卫星可能不是和行星一起从原始星云中形成的。当海卫一被俘获时，它严重破坏了原有的卫星系统，其中的大部分物质被抛向太空或者被撞碎。我们今天看到的卫星是残余物聚集在一起形成的，与月球形成的原因完全不同（见本书第113页）。

海卫八
海王星的第二大卫星

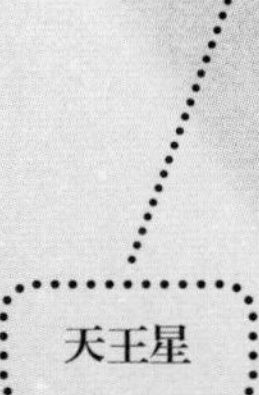

延伸思考

天卫二十五（Perdita）是天王星的一颗小型内层卫星，它的名字在拉丁文中是“迷失者”的意思。这个名字很恰当，因为自从“旅行者2号”于1986年第一次拍摄到它，到在照片中被识别出来，中间隔了13年之久。又过了4年，哈勃空间望远镜才确认了它的存在。

海卫一

海卫一以喷发液氮的冰火山和独特的地壳运动为特征。有人形容它表面的纹理“像哈密瓜一样”。

天卫五

现在普遍认为，当这颗卫星经过天王星引力强弱变化的区域时，其内部压力也随之变化，从而产生热量，导致表面布满沟壑。

天卫三

天卫三是天王星最大的卫星，巨大的山谷和悬崖割裂了其结冰的表层。在它的表层之下、岩质核心之上，可能有液态海洋存在。

海王星

05.9 矮行星

2006年，有一件事吸引了全世界的目光：天文学家决定将冥王星降级为矮行星，此前，冥王星长期被视为太阳系中最遥远的行星。

海王星以外的极小型天体的接连发现促进了这一改变，没有人会认为它们是行星，然而这些极小型天体似乎与冥王星性质相同。使用“矮行星”一词就是为了适应这一情况。成为矮行星需要满足以下条件：

- 像行星一样围绕太阳旋转（而不是像卫星那样围绕比自己大的天体旋转）；
- 质量够大，自身引力足以将自己拉伸成近乎球体的形状（排除了许多形状不规则的岩石块）；
- 但还没有大到能够清除轨道上更小的天体（就像八颗行星那样）。

冥王星符合最后一种状况，因为它细长而倾斜的轨道大部分位于柯伊伯带。柯伊伯带由海王星以外数以万计的天体组成，其中绝大部分天体太小，不能算作矮行星。第一颗被发现的小行星是谷神星，它位于火星和木星之间小行星主带的中心，它也符合这一定义（见本书第52页）。

目前为止，柯伊伯带中另外的三个天体——阋神星、鸟神星和妊神星也被认为是矮行星，尽管其质量尚不确定。柯伊伯带中可能还有几百颗矮行星等待着人们去发现，与此同时，可能还有成千上万颗矮行星因为倾斜的轨道正在远离柯伊伯带。

延伸思考

冥王星是由24岁的美国天文学家克莱德·汤博于1930年发现的。他做梦也没有想到有朝一日自己能够探访冥王星；但这确实是他——或者说是他的30克骨灰，将在2015年7月[①]到达这一目的地。那时，他的遗体将搭载第一艘探访冥王星的飞船——“新视野号”探测器——飞越冥王星。

① 这一任务已于2015年7月14日完成。——编者注

鸟神星
已知第三大的矮行星，于2005年复活节前被发现，它的名字源于复活节岛古代文明中的一个神。

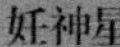

妊神星
已知第四大的矮行星，以一位夏威夷女神的名字命名。它极长的外形可能是因为转速太快而形成的。

阋神星
阋神星推动了对矮行星的界定——天文学家曾发现它可能比冥王星还要大。它被很恰当地命名为“不和”[①]。它是已知最大的矮行星[②]。

① 阋神星的英文名为Eris，意指古希腊神话中专门制造不和的女神厄里斯。——编者注
② 2015年NASA发布的新数据表明，冥王星还是比阋神星大的。因此最大的矮行星应为冥王星。——编者注

冥王星
它的质量是地球的1/500，直径是地球的1/5。它和它最大的卫星冥卫一互为伴侣。冥卫一的大小约是冥王星的1/8。这两个天体围绕它们之间的引力中心运动。

谷神星
尽管质量只有地球的1/7 000，但是当1801年它被首次发现时，天文学家就将其视为行星。2006年，它差点再次被归为行星一类。

05.10 太阳系小天体

2006年，首次界定矮行星的时候，天文学家也为没有归属的天体建立了一个笼统的类别。太阳系小天体（SSSB）是除了行星、卫星和矮行星以外，太阳系中其余天体的规范名称。其中包括：

- 在火星和木星之间运动的小行星——谷神星除外，因为它自身的质量足以维持球体；
- 特洛伊型小行星以及与其相似的天体。它们与木星或其他一些行星分享轨道；
- 彗星（见本书第142—143页）；
- 半人马型小行星。它们是位于小行星带以外、在海王星轨道内运动的小型天体，但无法确定它们是彗星还是小行星。

如果经天文学家证实，本已归入太阳系小天体的已知天体比原来认为的更大，那么毋庸置疑，它们会被重新归入矮行星。

延伸思考

国际天文学联合会并未确定太阳系小天体的最小尺寸，因此现在尚不清楚是否要将流星体归属在内（见本书第144—145页）。

天王星

海王星

大部分SSSB位于海王星以外的柯伊伯带。那些位于火星和木星之间的小行星主带的、长期可观测到的小行星也是SSSB，那些与木星或者其他行星共享轨道的特洛伊型小行星也属于SSSB.

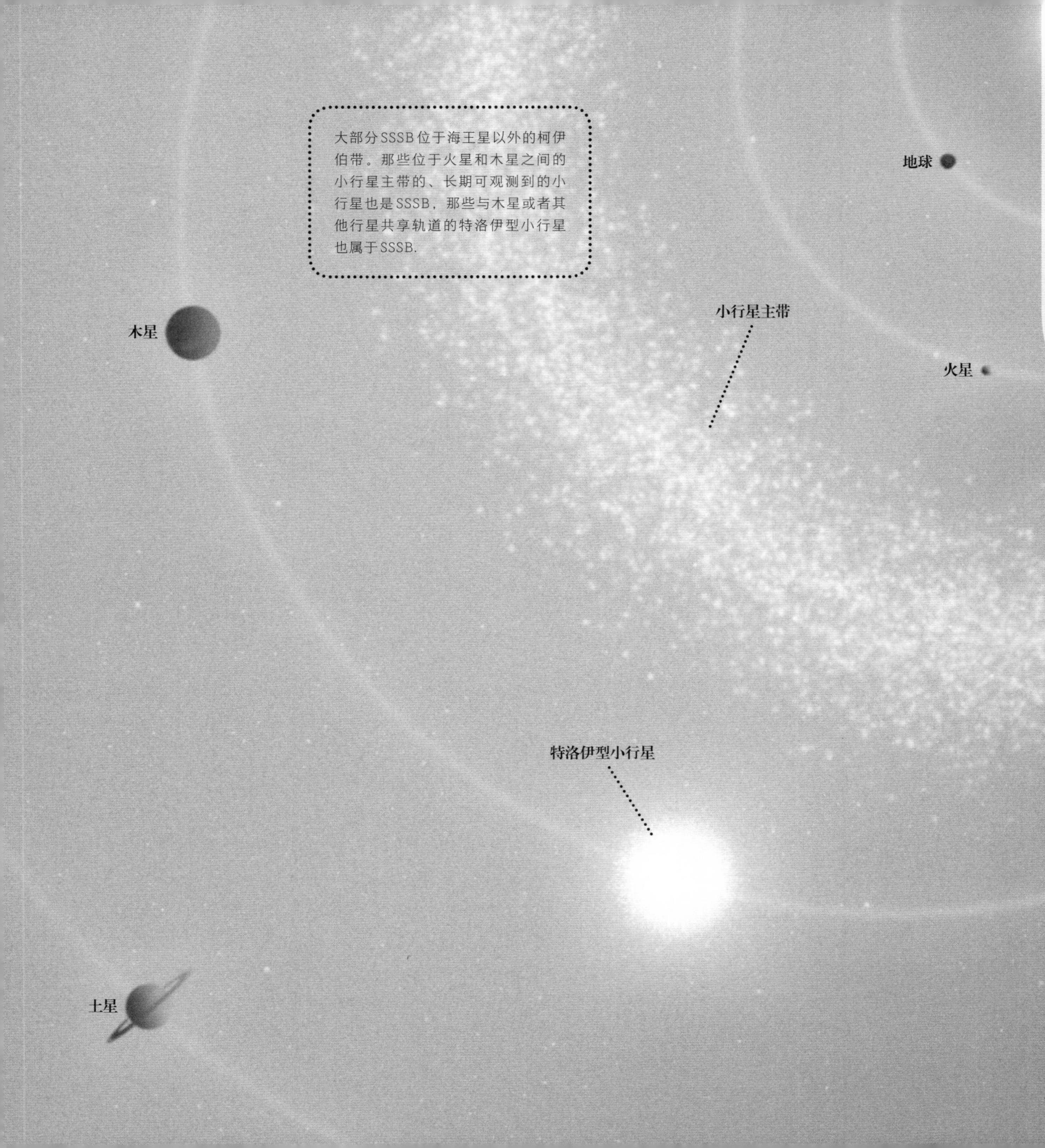

05.11 亲近的危险

彗星或小行星会不会与地球相撞、带来灭顶之灾呢？实际上，要问的不是“会不会”，而是“什么时候”。自古以来，地球遭遇了多次猛烈撞击。最著名的是6 500万年前，一个直径为10千米的天体撞上了现在的墨西哥湾区域，导致海啸滔天、气候巨变，这一时期无数物种——尤其恐龙——的灭绝，恐怕与此有关。

如此大小的天体一千万年也不一定会撞击地球一次。但是平均每年都会有一个直径5～10米的天体撞向地球大气层，它们通常在大气层高处爆炸，释放出的能量与在广岛爆炸的原子弹相当，但是并不会造成任何伤害。

世界各地很多组织，都以“太空卫士”的名义，一刻不停地监测着近地天体。2005年，美国国会责成美国国家航空航天局，在2020年之前至少探测并登记90%的直径大于140米的近地天体。你可以在美国国家航空航天局的网站neo.jpl.nasa.gov/risk/上查看有可能威胁地球的天体的最新状态。

达到有史以来“都灵危险指数”最高危险等级的天体是小行星毁神星。2004年12月，它一度达到4级。经过进一步观测，它和其他近地天体一样，危险等级最终降到了0。

都灵危险指数

该指数以意大利的城市都灵命名，天文学家就是在那里的一次会议中提出了这个指数。此处是一个简略的版本。在neo.jpl.nasa.gov/ torino_scale[①]上可以找到完整版。

① 原网站域名现已变更为cneos.jpl.nasa.gov/sentry/torino_scale.html。——编者注

延伸思考

如果你想同时体验刺激的电子游戏与求真的科学研究，请登录purdue.edu/impactearth。通过普渡大学的“撞击地球！”这个小行星撞击效果模拟器，你可以虚构一个近地天体，设置它的大小、速度和其他细节，然后就会看到它将导致何等混乱。

无危险

0 天体与地球碰撞的可能性为0，或者天体很小。

正常范围

1 天体近距离经过。不会造成异常的危险，无须引起公众关注。

需要天文学家注意

2 天体更近距离经过。实际碰撞不太可能发生，无须引起公众关注。

3 碰撞的可能性为1%或者更大，有可能造成小范围的破坏。如果距离这次接触的时间不足10年，公职人员应该有所注意。

4 碰撞的可能性为1%或者更大，有可能造成区域性破坏。如果距离这次接触的时间不足10年，公职人员应该有所注意。

威胁

5 可能会发生碰撞，造成严重的区域性破坏。还需要更进一步观察。如果距离这次接触的时间不足10年，政府有必要制订应急计划。

6 可能会与大型天体发生碰撞，造成全球性灾难。需要进一步的观察。如果距离这次接触的时间不足30年，政府有必要进行应急计划。

7 可能会与大型天体碰撞，造成前所未有的全球性灾难。需要制订国际应急计划。

确定发生撞击

8 已确定碰撞会发生，会引起局部的破坏或者海啸。

9 已确定碰撞会发生，会造成前所未有的区域性破坏或者大海啸。

10 已确定碰撞会发生，会造成可能威胁到人类文明未来的全球性气候灾难。

05.12 彗星：天上的凶兆[①]

彗星并非转瞬即逝：它们以恒星为背景，沉稳庄重地前进着。数月时间里，它们从外太阳系向着太阳飞来，经过太阳之后再次远去。在肉眼看来，彗星从光点先变成了朦胧的小圆盘，接着长出一条背向太阳的尾巴，这条尾巴在靠近太阳时在后，远离太阳时却在前。彗星尾巴的长度可能超过了地球到太阳的距离。

不管是在绕日飞行之前还是之后，彗星都不过是冰冷黑暗的团块，类似于小行星（见本书第52—53页），只不过它还包含着冰冻物质。在海王星以外的柯伊伯带（见本书第138—139页）和奥尔特云（一个距离太阳1～2光年的不可见的储物池）中，有数万亿个这样的黑暗的天体存在。有时候，引力的干扰将彗星从原本的位置推出，进入拉长的轨道，从而靠近太阳，这时彗星就会活跃起来，有时甚至异常夺目。

延伸思考

在其冰冻物质蒸发并且自身“耗尽”之前，彗星可能会经过太阳数百次。岩质残余物也许会碎裂，留下的尘埃散落在彗星的轨道上，如果地球碰巧穿过了这个轨道，这些残余物将会为天文观测者带来一场流星雨。

① 因为彗星的运动规律难以预测，所以在中外文化中，它往往代表着凶兆。古罗马认为彗星的出现预示着大灾难的发生，蒙古人认为它是“邪恶之女”，中国古人也将它称为“扫帚星”，认为它是不祥的征兆。

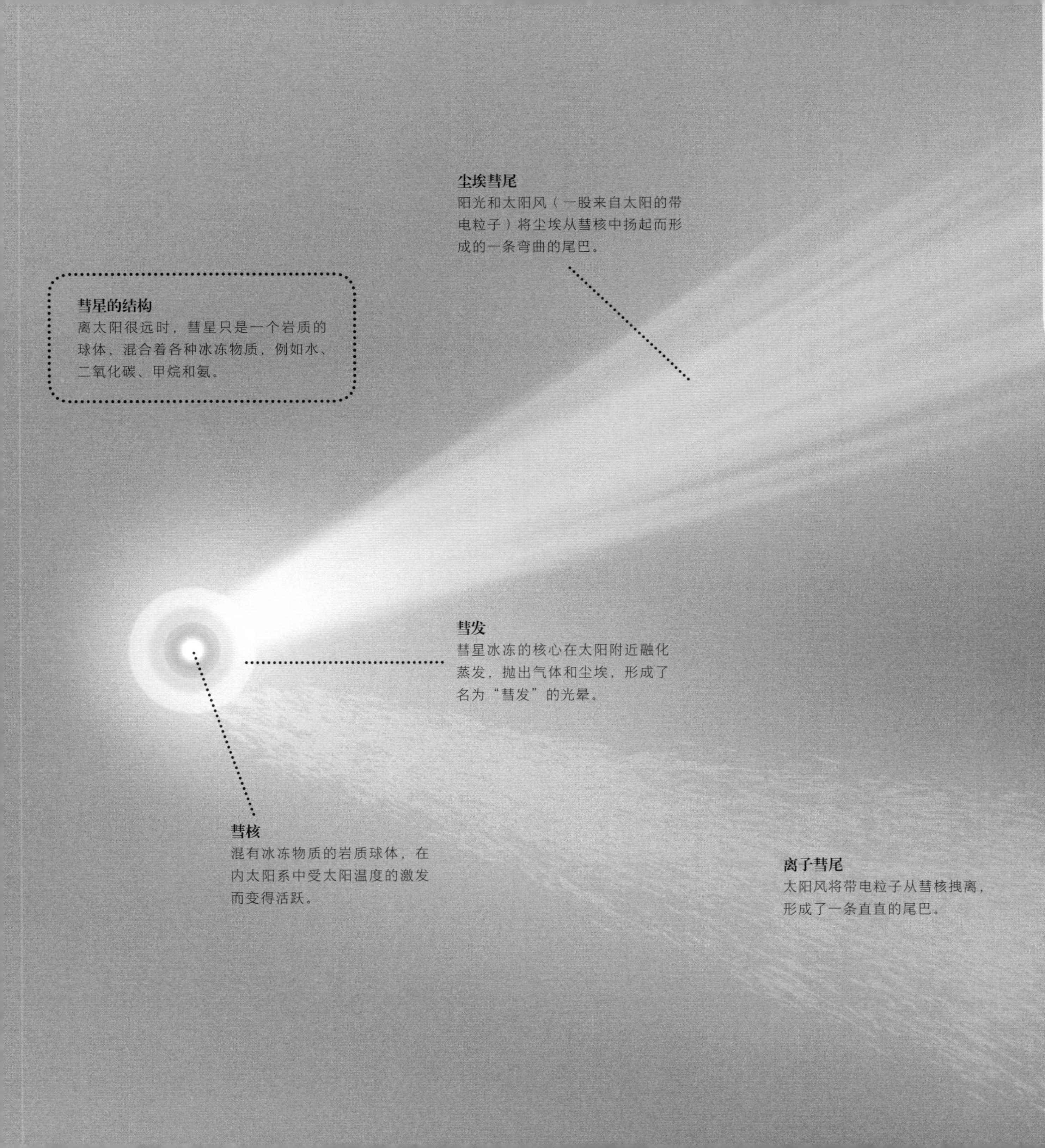

尘埃彗尾

阳光和太阳风（一股来自太阳的带电粒子）将尘埃从彗核中扬起而形成的一条弯曲的尾巴。

彗星的结构

离太阳很远时，彗星只是一个岩质的球体，混合着各种冰冻物质，例如水、二氧化碳、甲烷和氨。

彗发

彗星冰冻的核心在太阳附近融化蒸发，抛出气体和尘埃，形成了名为“彗发”的光晕。

彗核

混有冰冻物质的岩质球体，在内太阳系中受太阳温度的激发而变得活跃。

离子彗尾

太阳风将带电粒子从彗核拽离，形成了一条直直的尾巴。

05.13 流星

典型的流星（英文名为shooting star或falling star）的确名副其实：一个亮点从天际倏忽划过，从出现到消失，不过一两秒而已。我们肉眼能看到的这个亮点便是流星。

流星是一粒尘埃——一个流星体——冲进大气层后摩擦生热引发燃烧而产生的。较大的岩石碎片会留下一串发光的气体，有时可以持续好几分钟。有时候流星体大到足以让其中一些岩石穿越大气层后存留下来。那些幸存下来的掉落碎片被称为陨石。

有的流星会以流星雨的形式，在每年的可预测日期里再次出现。当围绕太阳运动的地球穿过彗星的轨道时，就会发生这种情况。尽管这颗彗星可能已经消失了很久，但它沿着轨道散落下了尘埃。流星体到达大气层时，都向着同一个方向运动。因此，如果追踪流星轨迹，会发现它们似乎发源于同一个点。这个点叫作辐射点，流星雨则以辐射点所在的星座命名。每年最明亮的流星雨是英仙流星群（辐射点位于英仙座）和狮子流星群（辐射点位于狮子座）。

延伸思考

科学家认为，地球上发现的五万多颗陨石中，有几十颗来自火星。相比大多数陨石，组成这些陨石的岩石要年轻得多，其化学成分与火星岩石和大气的成分相符。它们可能是由于火山爆发或小行星撞击而被抛入太空的。毫无疑问，在发射首个太空探测器之前，来自地球的流星体就已经到达了这颗红色的行星。

1833年11月，北美上空出现了一场壮观的流星“风暴”。天空在长达数个小时的时间里布满了燃烧般的条纹，在全国各地引起了畏惧和惊慌。随着天空旋转，流星的“发源点”也随之转动，但始终停留在狮子座内。该事件让许多天文学家开始相信，流星是由来自大气层以外的天体引起的，而不是纯粹的大气现象。1866年11月，狮子流星群再次盛大登场，意大利天文学家乔瓦尼·斯基亚帕雷利得出一个结论：引发这场流星雨的天体正与新发现的名为“坦普尔-塔特尔”的彗星在同一轨道内移动。

第六章

数以亿计的恒星

06.1 熠熠星辰

公元前2世纪，希腊天文学家、数学家喜帕恰斯根据明暗程度将恒星分为6个等级，称其为“星等”。2等星比1等星暗，以此递减，6等星只是能被肉眼看见而已。

如今，人们依然用星等表示恒星的明暗程度。随着现代科技的发展，现在星等的划分可以精确到小数点以后。例如，根据定义，2.3等星的亮度是3.3等星的约2.51倍（通过仪器测量可得），后者的亮度则是4.3等星的约2.51倍，以此类推。也就是说，星等值小5级，亮度就会增加到原来的100倍。

望远镜使用的摄影胶片和电子探测器比人眼灵敏得多，因此星等的分级也从6扩大到了30开外。欧洲特大望远镜将于2020年后不久在智利的一个山顶投入使用，它将可以探测到亮度微弱的36等星。36等星比起肉眼可见的最微弱的恒星暗淡一万亿倍。

延伸思考

当运用天文摄影技术进一步将星等的标度精确化时，必须对四颗最亮的恒星赋予负星等：天狼星（–1.47）、老人星（–0.72）、大角星（–0.04）和半人马座α星（–0.01）。

视星等

天体在天空中显现的亮度取决于它们真正的亮度和距离。

星等范围			范围内的恒星数量
-1.50	->	-0.51	2
-0.50	->	0.49	6
0.50	->	1.49	14
1.50	->	2.49	71
2.50	->	3.49	190
3.50	->	4.49	610
4.50	->	5.49	1 929
5.50	->	6.49	5 946

数星星

星等的数值减少1意味着亮度是原来的约2.51倍，且该范围内恒星数量增加到原来的约3倍。

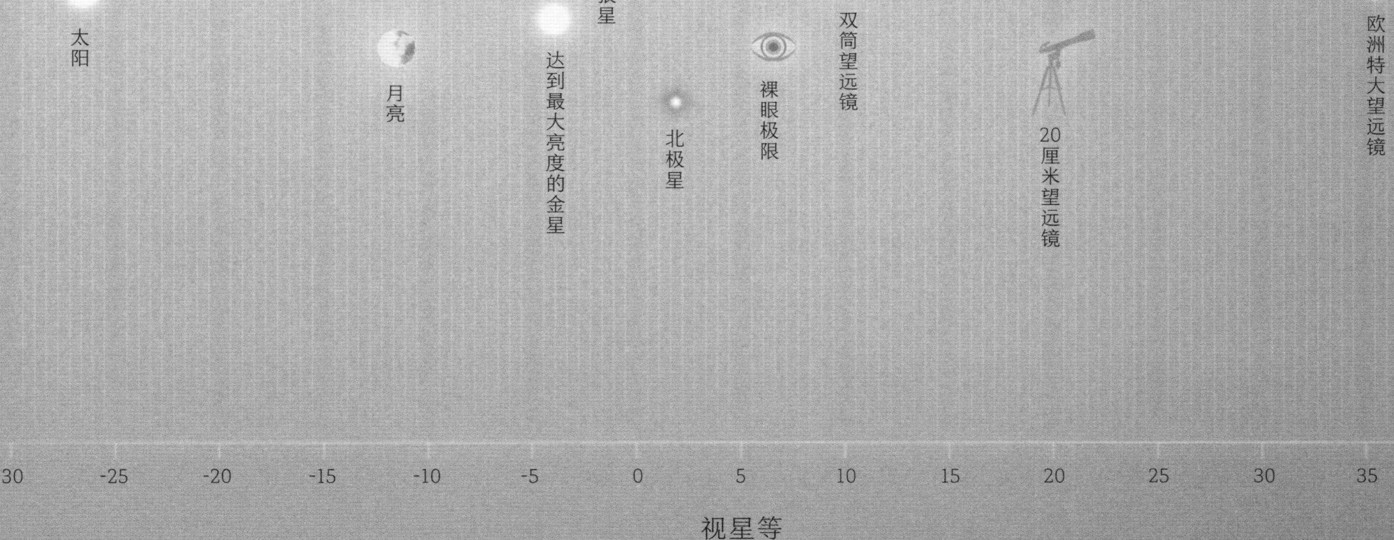

06.2 恒星大观园

不同恒星的大小、温度、颜色还有运行轨迹都大不相同。这些特征主要取决于恒星当下所处的生命阶段，而这又取决于恒星的形成时间以及形成时的质量。

大质量星燃烧得又快又猛。虽然它的燃料更多，但燃烧速度也更快。

- 比太阳大10倍的恒星，生存区区2 000万年后，便会在一次被称为“超新星”的巨大爆炸中终结。
- 和太阳质量相同的恒星，存在100亿年之后，便耗尽氢气并膨胀成为红巨星（太阳现在已经走过了它寿命的大约一半）。
- 质量为太阳质量6%～40%的恒星会发出微弱的光芒，并将持续存在数万亿年（是当今宇宙年龄的数百倍）。银河系中的绝大多数恒星都属于这类天体。

这就是孤独的恒星的生命周期。和人类一样，如果有一个共度终生的伴侣，恒星的生命历程将会更加复杂。大多数比红矮星大的恒星都生活在这样的多重系统之中（见本书第160—161页）。

延伸思考

太阳被归为黄矮星。但它的颜色并非黄色，而是白色——只不过它在光谱的黄色区域辐射表现最强。另外，在天文学中，一颗恒星要么是巨星，要么就是矮星。

红超巨星

参宿四

太阳大小的恒星的晚期

质量

最高相当于10个太阳

大小

相当于300～1 000个太阳

亮度

相当于14万个太阳

温度

1 000℃

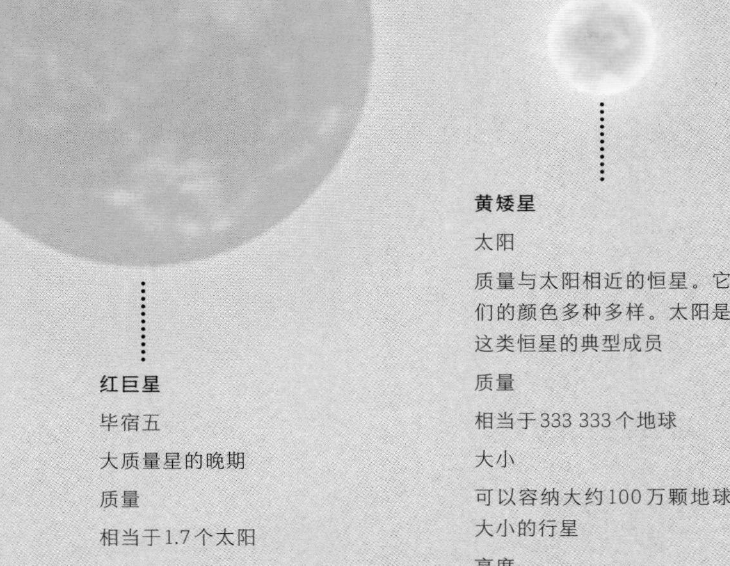

蓝超巨星

天津四

大质量星的晚期

质量

相当于10～50个太阳

大小

相当于110个太阳

亮度

相当于5万个太阳

温度

3万℃～5万℃

红巨星

毕宿五

大质量星的晚期

质量

相当于1.7个太阳

大小

直径是太阳直径的44倍

亮度

相当于425个太阳

温度

4 100℃

黄矮星

太阳

质量与太阳相近的恒星。它们的颜色多种多样。太阳是这类恒星的典型成员

质量

相当于333 333个地球

大小

可以容纳大约100万颗地球大小的行星

亮度

等于10^{25}个荧光灯泡

温度

大约6 000℃

红矮星

半人马比邻星

最小、最微弱的一种恒星，也是最常见的一种

质量

最高可达太阳质量的40%

大小

太阳直径的30%

亮度

小于太阳亮度的10%

温度

3 000℃

白矮星

天狼星B

太阳大小的恒星坍缩后的最终形态

质量

和太阳差不多

大小

和地球差不多

亮度

太阳亮度的2.5%

温度

2.5万℃

06.3 恒星的诞生

宇宙中不断有恒星诞生，天文学家可以观测到这一过程。星际空间中由气体和尘埃构成的云团在自身引力作用下开始坍缩时，恒星就形成了。气云分裂成更小的团块，最终变成独立的恒星。一个由数以千计的原恒星组成的星系团就此诞生。我们的太阳系正是形成于这样一个星系团之中（见本书第96—97页）。

130亿年前，当银河系还年轻时，从它致密的气云中形成了大量的恒星。其中大部分恒星位于紧密堆积的球状星团中，每个星团都包含了数千颗恒星（见本书第176—177页），分布在环绕银河系的球体上。其他恒星则诞生于较小的疏散星团，例如在金牛座中可以看到的昴星团——又称“七姊妹星”。昴星团内那些明亮、年轻的蓝星仍然被一缕缕气体和尘埃包围着——那正是它们的诞生之所。

现在的银河系每百年会新增约100颗恒星。

延伸思考

猎户大星云是恒星的温床，它是猎户座“剑”上的一块肉眼可见的模糊斑点。实际上，这个斑点的直径超过20光年，距离我们有1 300光年之遥。其中包含了数千颗新形成的年轻恒星，在天文照片中，这些恒星周围的氢气使它们发出粉色的光芒。

创生之柱

哈勃空间望远镜拍摄到了位于鹰状星云的恒星温床。在鹰状星云附近，新生恒星强烈的辐射清扫着周围的气体和尘埃。存留下来的气体和尘埃[①]又在因其聚集而出现的阴影保护下形成了柱状物。在每根“柱子”的顶端，致密的气体和尘埃聚集成黑色块状，恒星就在这里诞生。

---

① 存留下来的气体与尘埃蒸发后形成了“蒸发气态球状体”（evaporating gaseous globules），通常也简称为EGGs。蒸发气态球状体是大约100天文单位大小的氢气区域，该区域为氢气形成的“盾”所遮蔽，有利于恒星的诞生。

06.4 恒星的生命

20世纪初，两位天文学家——丹麦人埃纳尔·赫茨普龙和美国人亨利·诺利斯·罗素——分别绘制了星座图，这两张图实际上是理解恒星生命周期的指南。他们根据恒星的真正亮度（也就是说，在考虑到它们各自与地球之间的距离并不相同之后）从上到下定位，并根据颜色从左到右排列。颜色是恒星温度的指示标：较冷的恒星颜色更红；较热的恒星是白色的，例如太阳；最热的恒星则是蓝色的。

恒星在赫罗图（Hertzsprung-Russell diagram，即赫茨普龙-罗素图，简称赫罗图，或HR图）上被分为几组。后来的理论家解释了恒星为什么会出现在赫罗图的某个点上，以及在其生命进程中是如何演化的。

- 贯穿图表的对角线带被称为“主序”。恒星在这里度过了它们的大部分生命，通过核反应将氢转化为氦。小质量星寒冷暗淡，位于主序的右下角；大质量星炽热明亮，位于左上角。
- 位于右上角的是庞大而低温的巨星和超巨星。
- 位于左下角的是暗淡且高温的白矮星。

延伸思考

就单位面积而论，高温恒星比低温恒星亮。但是，恒星的总体亮度取决于其大小，进而取决于其表面积。如果两颗恒星的温度相同，那么较大的一颗就会更亮。如果两颗恒星同样明亮，那么温度更低的一颗肯定更大。这表明，当你在赫罗图中向上（朝向更明亮的恒星）和向右（朝向温度更低的恒星）看时，恒星越来越大。

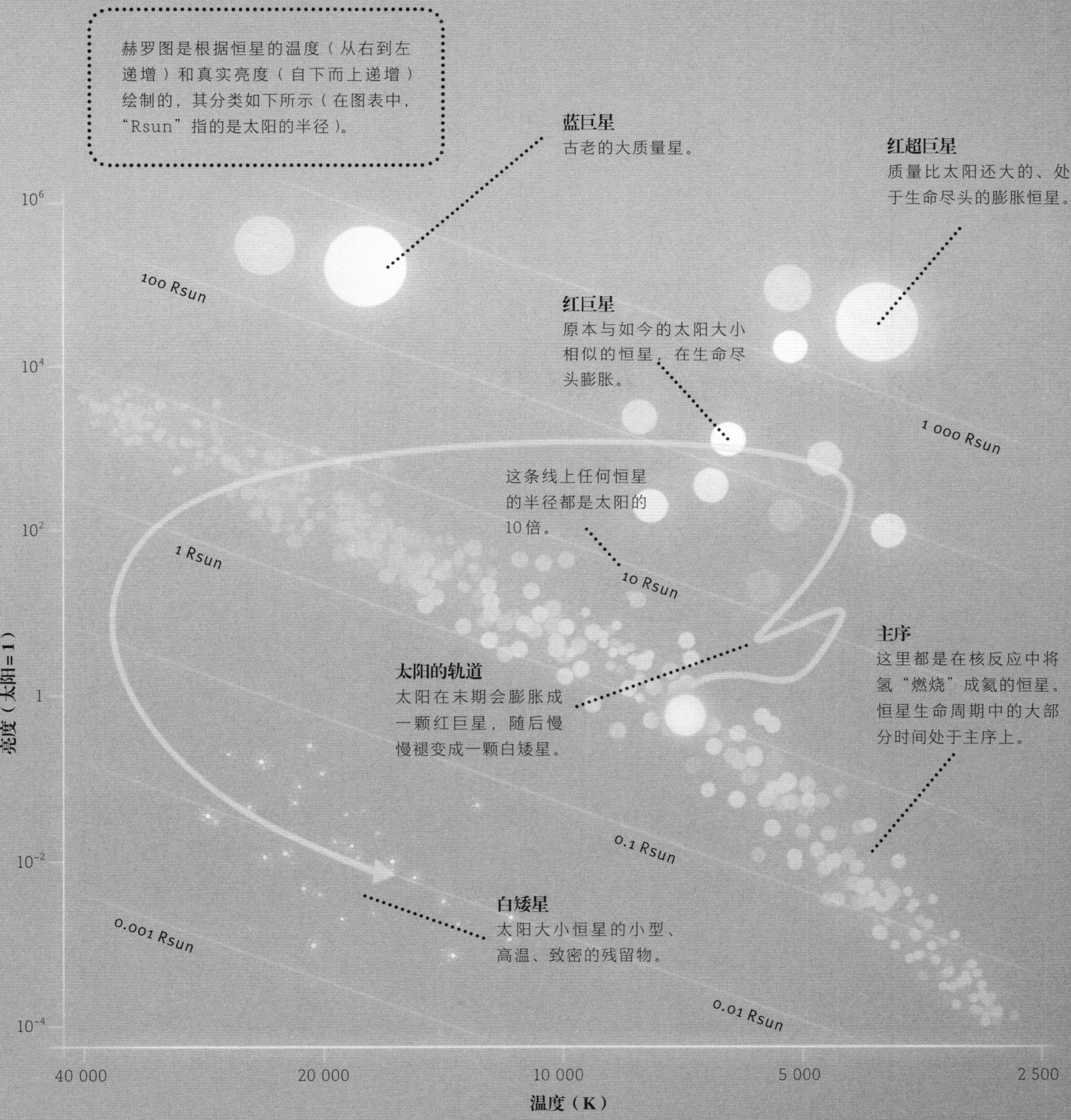
赫罗图是根据恒星的温度（从右到左递增）和真实亮度（自下而上递增）绘制的，其分类如下所示（在图表中，“Rsun”指的是太阳的半径）。
蓝巨星
古老的大质量星。
红超巨星
质量比太阳还大的、处于生命尽头的膨胀恒星。
红巨星
原本与如今的太阳大小相似的恒星，在生命尽头膨胀。
100 Rsun
1 000 Rsun
这条线上任何恒星的半径都是太阳的10倍。
1 Rsun
10 Rsun
主序
这里都是在核反应中将氢“燃烧”成氦的恒星。恒星生命周期中的大部分时间处于主序上。
太阳的轨道
太阳在末期会膨胀成一颗红巨星，随后慢慢褪变成一颗白矮星。
0.1 Rsun
白矮星
太阳大小恒星的小型、高温、致密的残留物。
0.001 Rsun
0.01 Rsun
10^6
10^4
10^2
1
10^{-2}
10^{-4}
亮度（太阳=1）
40 000
20 000
10 000
5 000
2 500
温度（K）

06.5 恒星为什么燃烧？

发生在恒星中心的反应是核反应，也就是说，这些反应涉及原子核的改变。而在通常情况下，例如汽油或煤的燃烧都是化学反应，只涉及原子的外层。

在太阳核心，难以想象的高温和高压环境使得原子分解。带正电的原子核和带负电的电子各自独立运动，质子相互碰撞，形成氦原子核并释放能量。在生命的后期，太阳的氢供应不足，它就会燃烧核心内的氦，并形成碳和氧。这时，太阳的亮度和大小都会发生波动，变得不稳定。

质量是太阳四倍及以上的恒星可以燃烧碳和氧，以形成质量更大的原子核，进而将其燃烧，直到成为具有26个质子和28个中子的铁原子核。这标志着一颗大质量星的惨烈终结（见本书第158—159页）。

在我们周围的大多数物质中，原子都由一个原子核及绕核运动的电子组成。原子核占据了原子的大部分质量并带正电荷。电子的质量很小且带负电荷，平衡了原子核所带的正电。原子核则是由更小的带正电的粒子——质子——组成的。

最简单的原子是氢原子。它的原子核是一个孤立的质子，并且只有一个电子环绕。

其次是氦原子。氦原子核中有两个质子，被两个电子环绕。除非原子核中还存在两个被称为“中子”的粒子，否则两个质子之间的电荷斥力会致使原子核破裂。中子的质量与质子几乎完全相同，但是没有电荷。

质子（氢原子核）在恒星的中心碰撞，形成质量较大的原子核，再依次碰撞形成质量更大的原子核。这样的过程不断发生；太阳中主要的反应如图所示。其净效应是将四个质子转化为一个氦原子核。能量也以短波的 γ 射线的形式产生。与此同时，正电子（带正电荷的电子）和中微子（幽灵一般的电中性粒子）也被发射出来。

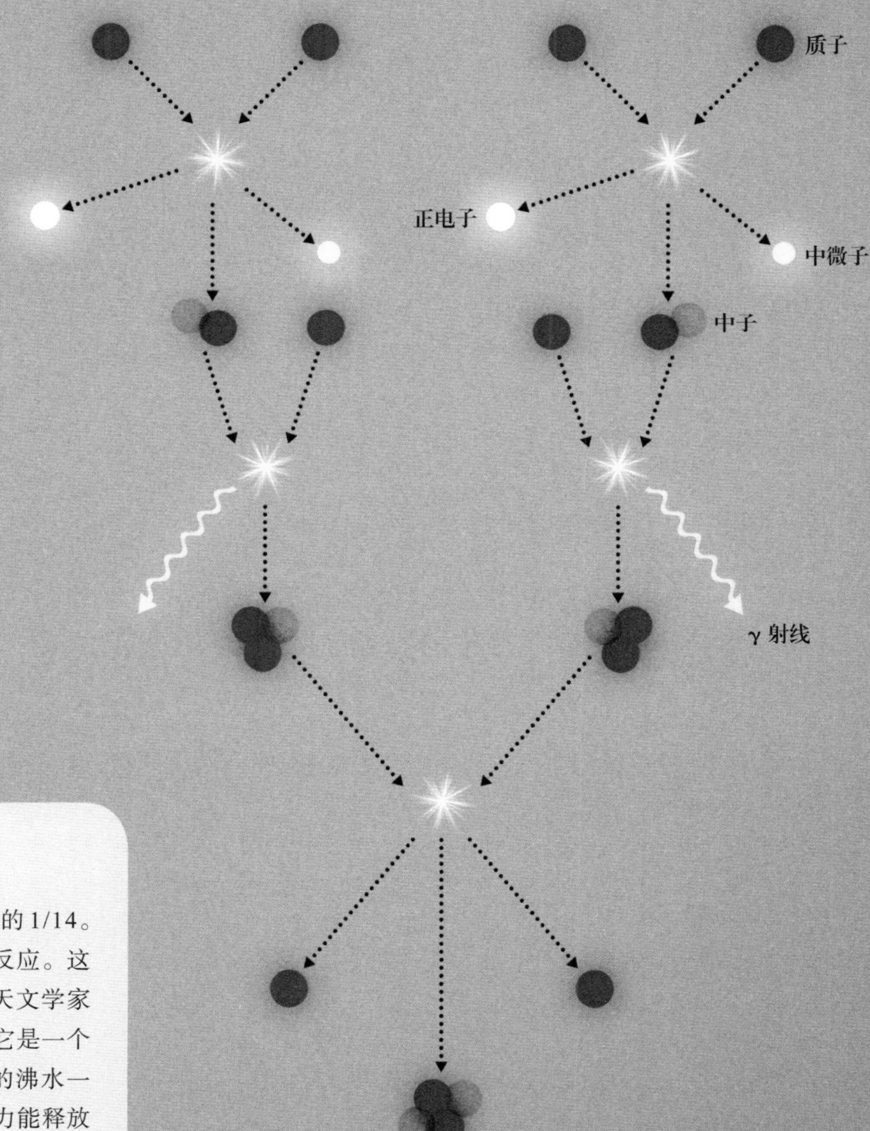

延伸思考

可能存在的最小恒星的质量是太阳的1/14。其氢气质量较小，因此永远不会发生核反应。这样的天体被称为“褐矮星”。2010年，天文学家发现了迄今所知的温度最低的褐矮星。它是一个表面温度约为100℃——大约和地球上的沸水一样——的天体。这是褐矮星形成时的引力能释放所遗留下来的余热。

06.6 恒星的死亡

只要氢足够，恒星就基本保持在赫罗图（见本书第154—155页）主序上的原始位置。最终它的核心将几乎完全由氦以及少量碳和氧构成，并且只被一层薄薄的壳围绕着，壳内的氢将继续转化成氦。对于太阳而言，它将会在50亿年后——也就是它诞生的100亿年后——进入这一阶段。

这颗恒星会膨胀起来，变成一颗不停搏动的红巨星。恒星的外层会扩张，随后，一些外层物质会作为膨胀外壳的一部分被弹出。因为通过望远镜，它们看起来像是行星的圆盘，所以天文学家称这些球状气体为行星状星云。星云的中心是恒星的热核，其大部分原始质量被压缩成地球大小。约为10 000℃的高温使其变成了白色。这颗白矮星只能发出微弱的光芒，因为它不产生能量。它将在数万亿年内慢慢冷却。

这就是像太阳这样的恒星的终结。对于一颗质量更大的恒星来说，它会有一个完全不同的结局。这样的恒星核心炽热而致密，不仅燃烧氦，而且燃烧氦燃烧所产生的质量更大的原子核。在这一过程中依次产生碳、氖、氧、硅和铁。在未燃烧的元素周围形成了各自的元素外壳，它们包裹着内部持续燃烧的、温度更高的元素。

延伸思考

当氢燃料供应不足时，太阳将持续膨胀，范围直至火星目前的轨道。与此同时，当太阳的外层脱落到太空中后，它将损失三分之一的质量。因此并不能确定地球将会被向外螺旋抛出还是被吞噬。毫无疑问的是，随着太阳渐渐升温，地球将会燃烧殆尽。

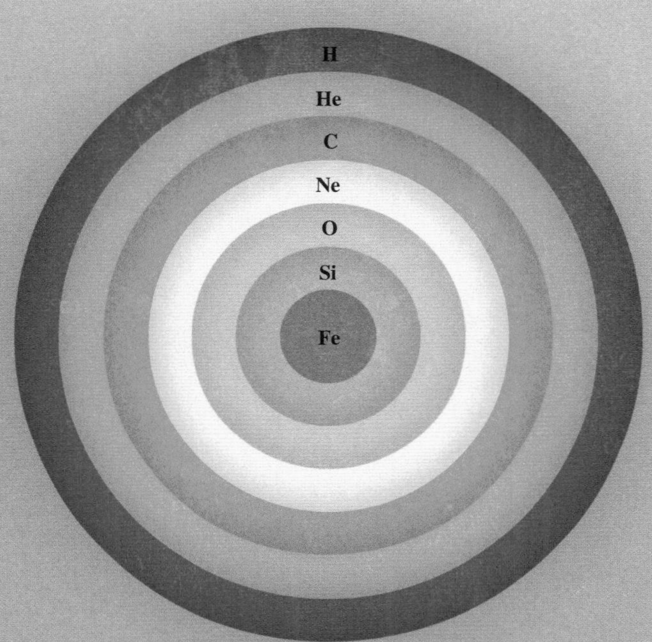

生命即将走到尽头的大质量星

大质量恒星有一个“洋葱”般的同心壳结构。每层壳由前一个阶段核反应的产物组成。最后一个阶段的几分钟内，硅会形成铁。最终，巨大的爆炸会留下超大密度的残余物质。

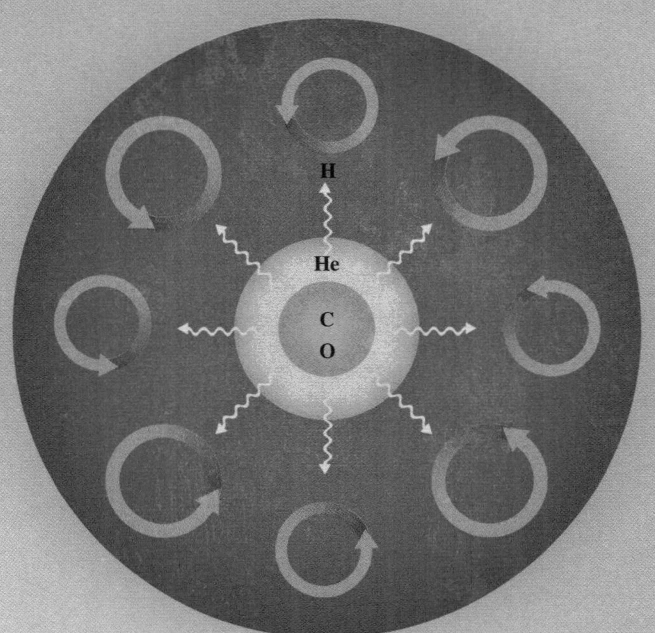

生命即将走到尽头的太阳质量恒星

氢几乎在炽热而致密的恒星核心中被耗尽，仅在其周围的壳中燃烧。由氦、碳和氧组成的“灰烬”已积聚在核心中。

06.7 致命的拥抱

孤独的恒星要么悄无声息地收缩为暗淡的白矮星，要么在剧烈的超新星爆炸中结束自己的生命。但是，许多恒星是双星，它们与伴侣一起环游太空，其生命故事也更加复杂。

当双星在赫罗图主序列上时（见本书第154—155页），它们在生命的大部分时间中都围绕着彼此愉快地旋转，但是其中一颗会更大，并且将首先演化到巨型阶段。在膨胀后，它对外层物质的控制力变得比伴星的引力更弱。来自第一颗恒星的物质被吸入围绕第二颗恒星的盘面中，然后掉落至其表面。

第一颗恒星收缩到它的热核大小时（即白矮星，见本书第150—151页），第二颗恒星逐渐变大，享受着它生命的扩张。最终，第二颗恒星衰老并膨胀，轮到它将物质释放到第一颗恒星上了。这些倾泻在白矮星上的能量会引起巨大爆炸，短时间内它们的亮度会达到太阳的数十亿倍，并且伴星有可能会被甩出星系。爆炸的残余物可能是白矮星或者密度更高的中子星（见本书第164—165页），在壮观的膨胀气体云的中心可以看到微弱的光点。

延伸思考

通过恒星同类相食现象产生的超新星被称为Ia型超新星，它们的爆发比其他类型的超新星更猛烈，后者标志着一颗孤立的大质量星的死亡。它们如此明亮，如此清晰，以至于可以作为测量遥远星系距离的标准。

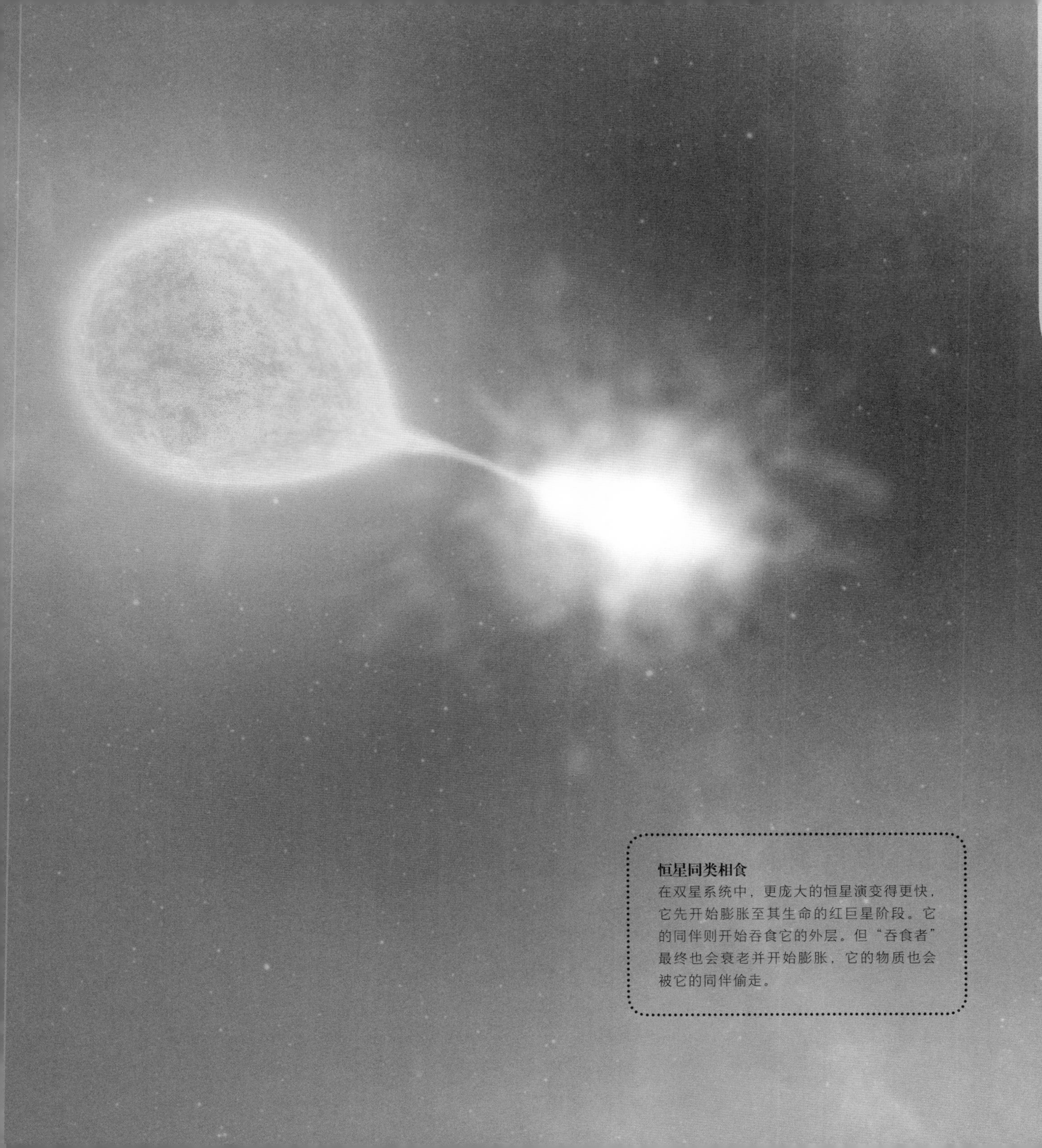

恒星同类相食

在双星系统中，更庞大的恒星演变得更快，它先开始膨胀至其生命的红巨星阶段。它的同伴则开始吞食它的外层。但“吞食者”最终也会衰老并开始膨胀，它的物质也会被它的同伴偷走。

06.8 新行星的种子

超新星爆炸中大质量星的死亡正是宇宙孕育新一代行星系统的必备条件。这颗恒星的内部富含着它用一生合成的大量原子核以及在爆炸时形成的其他原子核，它们混杂在星际气体和尘埃之间。这些物质与诞生于星云中的新生恒星及行星相互混合。就我们所知，至少在我们的地球家园，这些物质创造了生命。所以，正如歌词所唱的那样，我们确实是星尘。

当超新星产生的冲击波穿过星际气体云时，它们还会在气体密度更高的区域引发坍缩，推动恒星的形成（见本书第96—97页）。

延伸思考

伟大的英国宇宙学家弗雷德·霍伊尔从不相信宇宙起源于炽热而致密的状态，事实上，正是他为这一理论起了个颇具讽刺意味的名字："大爆炸"。这意味着他需要找到另一个可以"制造"①出重核的地方，于是，他和同事一起致力于证实"重元素②创生于超新星中并散布到太空各处"的想法。与此同时，支持大爆炸理论的天文学家们正努力为大爆炸"制造"出重元素寻找证据，但是失败了。

现代研究认为，只有氦（原子核中有两个质子）和锂（有三个质子）是在大爆炸中合成的。除这一点之外，霍伊尔和他的同事都是正确的。

---

① 英文原文为"cook"，指在极高的温度和压力下基本粒子相互作用形成重元素的过程。

② 重元素指的是除去氢和氦之外的所有化学元素。一些重元素由氢与氦通过恒星内部的核聚变反应产生。在恒星爆发成为超新星之后，重元素会扩散到宇宙空间中去。

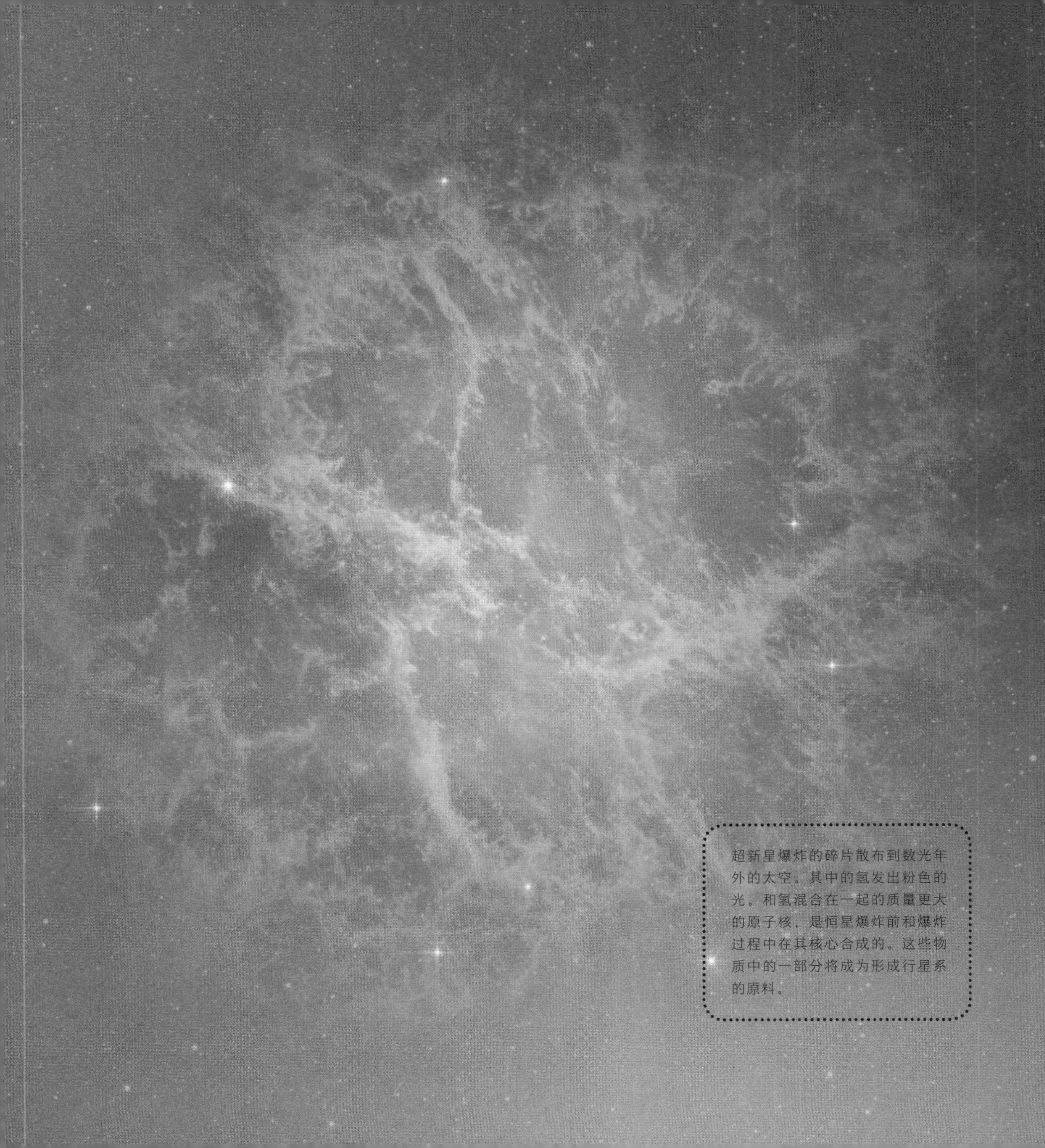

超新星爆炸的碎片散布到数光年外的太空。其中的氢发出粉色的光。和氢混合在一起的质量更大的原子核，是恒星爆炸前和爆炸过程中在其核心合成的。这些物质中的一部分将成为形成行星系的原料。

06.9 脉冲星：太空中的灯塔

恒星“死亡”后的形态各异。观测显示，其中一些会变成白矮星，这一过程就是将与太阳相近的质量压缩进地球大小的球体中（见本书第158—159页）。但更大的恒星会坍缩成比白矮星密度更大的天体：中子星。

在中子星内部，原子核和电子被压缩到一起，构成了一个同原子核一样致密的中子球——一个质量和太阳相似，体积却只有城市大小的球体。如果取一杯白矮星物质到地球上，其重量将达到300吨。如果在中子星内部取同样体积的物质，其重量将达到3 000亿吨。

20世纪30年代，天文学家预言了中子星的存在，并认为它是超新星坍缩形成的。60年代，他们观测到了疑似中子星的天体。1967年，天文学家接收到了一个来自狐狸座的快速脉冲无线电信号。这种信号比最精密的原子钟的“嘀嗒”声还要规律。这颗脉冲星曾短暂地被它的发现者冠以LGM（“小绿人”[①]）的代号——被戏称为来自外星文明的信号。但是，这种信号并未传递任何来自“外星文明”的信息。不久，在相隔甚远的另一片天空，天文学家们又发现了其他脉冲星。

脉冲星实际上是一种快速旋转的中子星，其表面有一个可以释放辐射的热点，该热点在无线电波长下释放出强烈辐射，但在可见光和X射线的波长中的辐射就微弱一些。当中子星旋转时，辐射束扫过天空。少数情况下，辐射能够到达地球，并且被我们观测到。如今，人类已经发现了数千颗脉冲星。

延伸思考

中子星表面的引力是我们习惯的地球引力的数千亿倍。普通物质无法抵抗这种强大的力量。人如果落在中子星上，将会被压成原子大小。

---

① “小绿人”常见于科幻小说，如在1955年问世的著名科幻小说《火星人归乡》（*Martians, Go Home*）中，作者弗雷德里克·布朗（Frederic Brown）就塑造了“小绿人”的外星人形象。1965年，动画片《摩登原始人》（*The Flintstones*）热播，剧中“伟大的加佐”（Great Gazoo）一角使得“小绿人”的形象出现在电视上并广为流传。

中子星

中子星在其轴上快速旋转。它的质量与太阳相似，却被压缩成了直径为几千米的球体。母星残余的气体盘环绕着它，喷射而出的辐射和粒子像灯塔的光束一样环扫过天空。如果这些辐射和粒子横扫过地球，我们就会观测到作为脉冲星的中子星。

06.10 黑洞：一颗恒星的消亡

在恒星可能达到的所有最终状态中，最为奇特的是黑洞。任何质量大于三个太阳的恒星残余都可能以黑洞告终。当核心的火势越来越弱时，物质开始坍缩，黑洞就形成了，这一过程永无终结。至少根据我们已知的物理学知识，其坍缩并不会结束。最终，它缩小为一个被称为“奇点”的点。除此之外，黑洞还有其他的形成方式（见本书第174页、186页以及188—189页）。

奇点附近极其强烈的引力扭曲了时间和空间，使得它处于一个表面被称为“事件视界”的区域之中。穿过事件视界的光和物质永远无法逃脱。就我们目前对黑洞内部的了解而言，恒星残余已经从宇宙中消失了。

但是，黑洞还是能够使人感受到它的存在——它仍然具有引力。黑洞可能与另一颗恒星相安无事地共存于双星系统中，直到这颗普通的恒星衰老、膨胀，最终，就像在其他双星系统里那样，该恒星的物质可能会被它的同伴吞噬掉（见本书第160—161页）。

延伸思考

即使没有容易泄露行踪的伴侣，或者环绕着的发光圆盘，甚至没有释放物质与辐射，一个独自徘徊在太空中的黑洞仍然可以被探测到。就像透镜一样，任何天体的引力场都会影响靠近的光线。恒星质量黑洞的透镜效应会使背景恒星明显变亮，并且短时间变换位置。通过用望远镜自动搜索银河系中心恒星密集的区域，天文学家已经发现了数千次这样的现象。

黑洞扭曲周围的空间和时间，吞噬光和物质。但是，在物质消失的边缘，正在坠落的物质异常炽热，强烈的粒子和辐射流会被喷射到太空中。

06.11 系外行星：新世界

在银河系的数千亿颗恒星中，有多少拥有行星的家族？这些行星中又有多少孕育着生命？我们每年都会发现散落各处的系外行星（绕太阳以外的恒星旋转的行星），这帮助我们更进一步地了解行星可能的总数。

开普勒空间望远镜发现了一个围绕着一颗恒星运动的行星家族，而这颗恒星也以该望远镜的名字命名，被称为“开普勒-11”。这颗恒星和太阳一样炽热，但是它与五颗行星之间的距离都比水星到太阳的距离更近，并且它与最外层行星的距离只比太阳到水星的距离稍远一点儿。因此，所有的行星都会被烤焦。它们体积都比地球大，不太可能存在生命。

环绕着红矮星格利泽581的行星是最有可能存在生命的星球。它们的质量同样都是地球的好几倍。对于一颗遥远的行星来说，体积越大就越容易被我们探测到。地外生物学家（寻找地球以外生命的科学家）希望找到一个和地球质量差不多的、在恒星宜居区——我们所知的生命所必需的液态水能够存在的距离范围——运转的行星。

延伸思考

开普勒空间望远镜对准天空的某一区域，监测着10万颗以上恒星的亮度。它能探测到恒星亮度的减弱，这相当于探测到几千米外苍蝇爬过轿车前灯时导致的亮度变化。

开普勒-11g
公转周期：118天

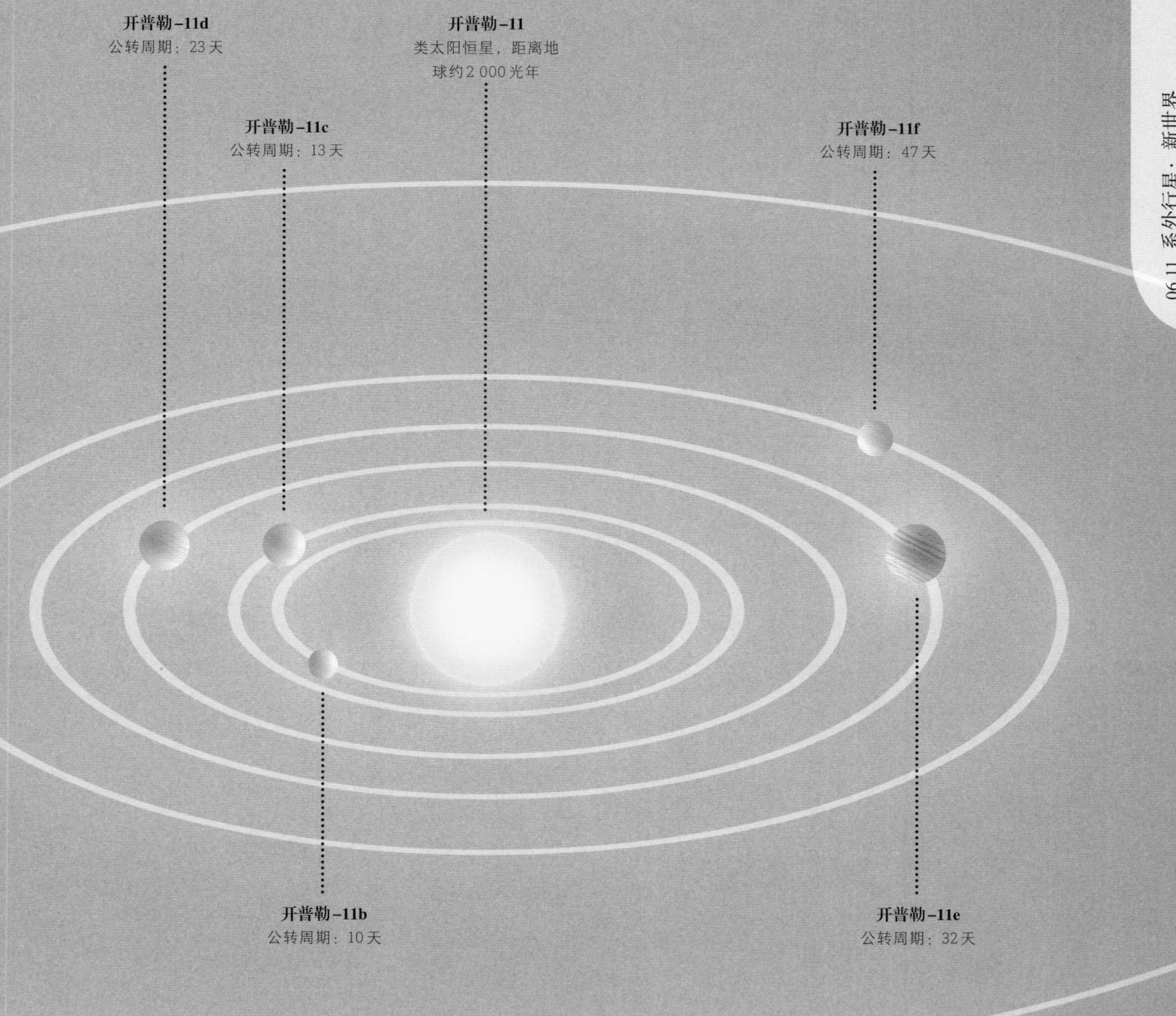
开普勒-11d
公转周期：23天
开普勒-11
类太阳恒星，距离地球约2 000光年
开普勒-11c
公转周期：13天
开普勒-11f
公转周期：47天
开普勒-11b
公转周期：10天
开普勒-11e
公转周期：32天

06.12 我们是孤单的吗？

有关系外行星的发现进展迅速：我们所处的银河系中，能够被明确证实的系外行星可能有数十亿颗。这是否意味着银河系中还存在其他具有智慧的种族？这取决于德雷克公式中的诸多因素（见右）。其中一些因素振奋人心：大量的候选行星、地球上生命出现的速度（地表冷却后不到10亿年）、生命对极端环境——从南极洲的极寒到太平洋海底火山口的炽热——的适应能力，等等。

地外文明探索计划（SETI）开始于1960年。当时，一台射电望远镜扫描了选定的频率，依次指向附近的两颗类太阳恒星——鲸鱼座τ星和波江座ε星[①]。迄今为止，由扫视天空的射电望远镜和探测激光信号的光学望远镜组成的网络都尚未取得成果。

① 这两颗恒星（即天仓五和天苑四）都曾被怀疑拥有类地行星。——编者注

延伸思考

意大利裔美国物理学家恩里科·费米对“生命普遍存在于银河系之中”这一观念提出了质疑。如果许多行星上都有生命，经过数十亿年的发展，他们当中应该有很多都实现了星际飞行。可是，他们在哪儿？太阳系中并没有外星游客的迹象（尽管UFO狂热爱好者不赞同）。或许星际穿越有着不可逾越的障碍；又或许生命太过罕见，只有我们首先达到了星际交流的水平；或许他们躲着我们；又或许我们是银河系中独一无二的存在……

德雷克公式

一个用来推测可能检测到的银河系内文明数量的公式。该公式是加州大学圣克鲁兹分校的法兰克·德雷克于1961年设计的。其中所有术语的衡量标准都具有高度不确定性。

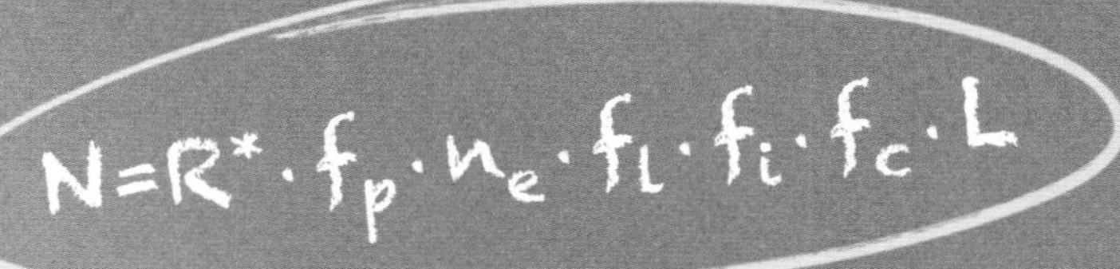

N = 银河系中可能与我们通信的文明数量

R^{*} = 银河系中每年形成的恒星数目

f_p = 有行星的恒星的比例

n_e = 有行星的恒星中，可维持生命存在的行星的平均数量

f_l = 可维持生命存在的行星中，能够让生命进化发展的比例

f_i = 有生命的行星中，演化出智慧生命的概率

f_c = 在这些行星中，出现科技水平足以被我们察觉到的文明的概率

L = 发现这样的文明所需要的时间

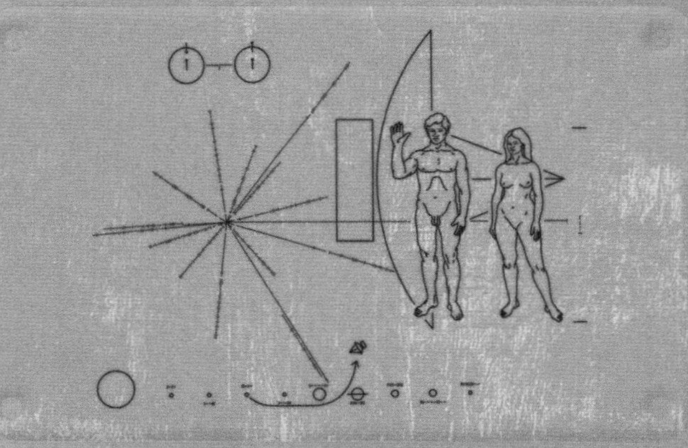

“先驱者号”的金属板

20世纪70年代发射的“先驱者10号”和“先驱者11号”航天器上各有一块镀金板，它们是为任何可能拦截该航天器的外星人准备的。这些金属板展示了男人、女人以及地球在银河系中的位置。

阿雷西博信息

1974年，一串数字从位于波多黎各的巨型射电望远镜传送到了太空。这其中包括生命的化学构成、射电望远镜的大小以及人类的尺寸等信息。这些信息的发射目的地是距离地球2.5万光年的M13球状星团[1]。

① 即武仙大星团。——编者注

第七章

星系

07.1 解剖银河系

太阳系到银河系中心的距离大约是银河系半径的一半。我们在天空中看到的所有物体几乎都属于银河系。银河（the Milky Way）——也被称为银河系（the Galaxy，“G”大写）——包含2 000亿～4 000亿颗恒星。其中，肉眼仅可看到约5 000颗恒星。离开银河系需要航行数千光年——比迄今任何航天器所跨越的距离都要远数十万倍。这意味着我们没有从外部拍摄银河系的照片。但是，我们可以通过望远镜——特别是射电望远镜——的观察来确定它的形状。

银河系只是被称为“本星系群”的一群星系中的一分子。本星系群中的另一个大型旋涡状星系是仙女星系。它和银河系很相似，但是更大，拥有的恒星数量是银河系的好几倍。银河系以每秒600千米的速度在宇宙中移动。

延伸思考

银河系的中心有一个特大质量黑洞（见本书第166—167页）。它显然位于被称为“人马座A”的无线电波源内。这个黑洞的质量大约等于400万个太阳，然而其体积并不比太阳系大多少。

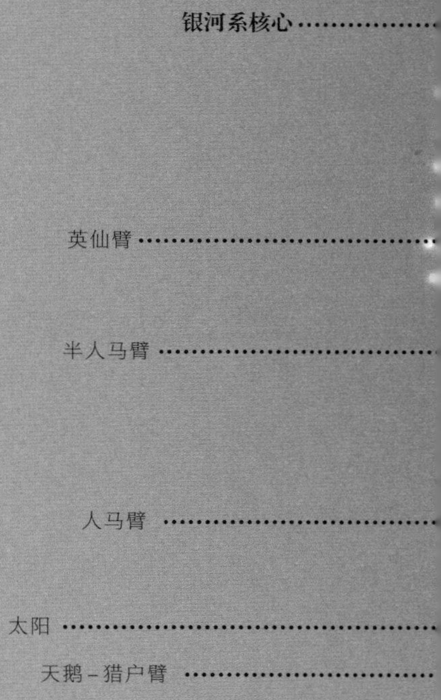

银河系核心

英仙臂

半人马臂

人马臂

太阳

天鹅－猎户臂

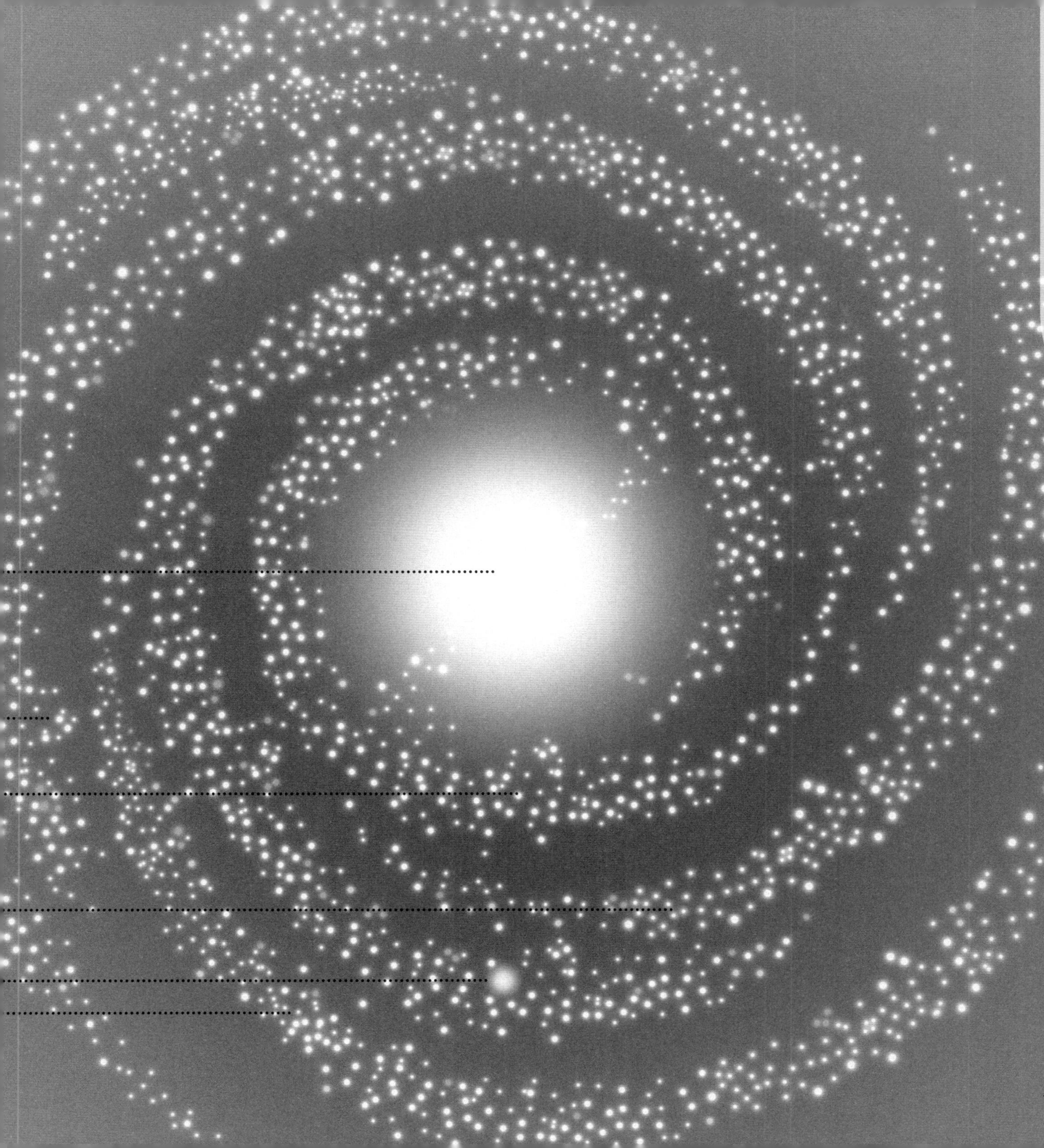

07.2 恒星之城

成群出现的恒星包围着各式各样的星系，这些恒星紧密堆积成球状，被称为“球状星团”。它们在星系周围占据了一个被称为“星系晕”的近似球体的区域。在星系初生的时候，球状星团就诞生了，那时它们仅包含着少量的气体和尘埃。因此，如今它们主要由年老的红色恒星组成。在距离仅为100光年的空间内，大约有数十万颗恒星存在，从球状星团中心附近的行星上观测，可以看到极为壮观的场面。

星团围绕着它们母星系[①]的中心运行，向中心俯冲，再向外摆动。虽然星团内部的单个恒星之间距离较远，因此不会发生碰撞，但是相遇可能会导致星团和星系变形。我们附近的一些最为密集的球状星团——包含100万颗甚至更多的恒星——可能是一些小星系的核心，这些小星系与银河系相碰撞，以至于外层区域掉落进更大的星系之中。

延伸思考

天文学家发现球状星团非常值得研究。因为所有恒星与我们的距离几乎是相同的，它们的视亮度准确地揭示了其真实亮度。另外，由于它们差不多是同时形成的，所以其发展程度的差异仅仅取决于原始质量。

① 位于射电源中的光学星系。

恒星密集的球状星团M80（这表明它在18世纪夏尔·梅西耶制作的“梅西耶星团星云列表”上排第80号）距离我们大约三万光年。银河系诞生时它就形成了，其内部的类太阳恒星已经演化成了红巨星。一些恒星穿过了拥挤的中心区域，并与其他恒星相互碰撞（或许只是轻微摩擦），恢复为年轻的蓝离散星。[①]

① 恒星发生相撞后获得了额外燃料，大幅提高亮度，重新焕发生机。

07.3 银河系的邻居

银河系和它的邻居仙女星系（见本书第58—59页）都是大型旋涡星系，它们俩在这个直径仅为1 000万光年的本星系群中称得上是老搭档了。本星系群包含了其他几十个各种类型的小星系，几乎涵盖了所有的星系类型，下文会有详细介绍。

本星系群的主要成员有：

银河系，由最多4 000亿颗恒星组成，质量约为太阳的7亿倍，有一个棒状的核。

仙女星系，可能由1万亿颗恒星组成，但质量或许与银河系差不多，可能也有一个棒状的核。

M33，一个位于三角座的旋涡星系。M33的质量大约是太阳的500亿倍，它包含了400亿颗恒星。

大麦哲伦云，一个不规则的星系，质量约为太阳的100亿倍。

小麦哲伦云，另一个不规则的星系，也是大麦哲伦云的孪生小兄弟，质量约为太阳的70亿倍。

大犬矮星系，一个极小的不规则星系，也是离地球最近的星系。它正在被银河系的引力撕裂。

人马矮椭圆星系，在距离银河系核心5万光年处绕轨运动。

延伸思考

从更大范围观察，由于宇宙的膨胀，所有星系都在急速分离。然而，在较短距离内，比起其所处的星系群和星系团中星系随机运动的速度，星系本身膨胀得较慢。实际上，仙女星系正在接近银河系，二者将在45亿年后相撞。

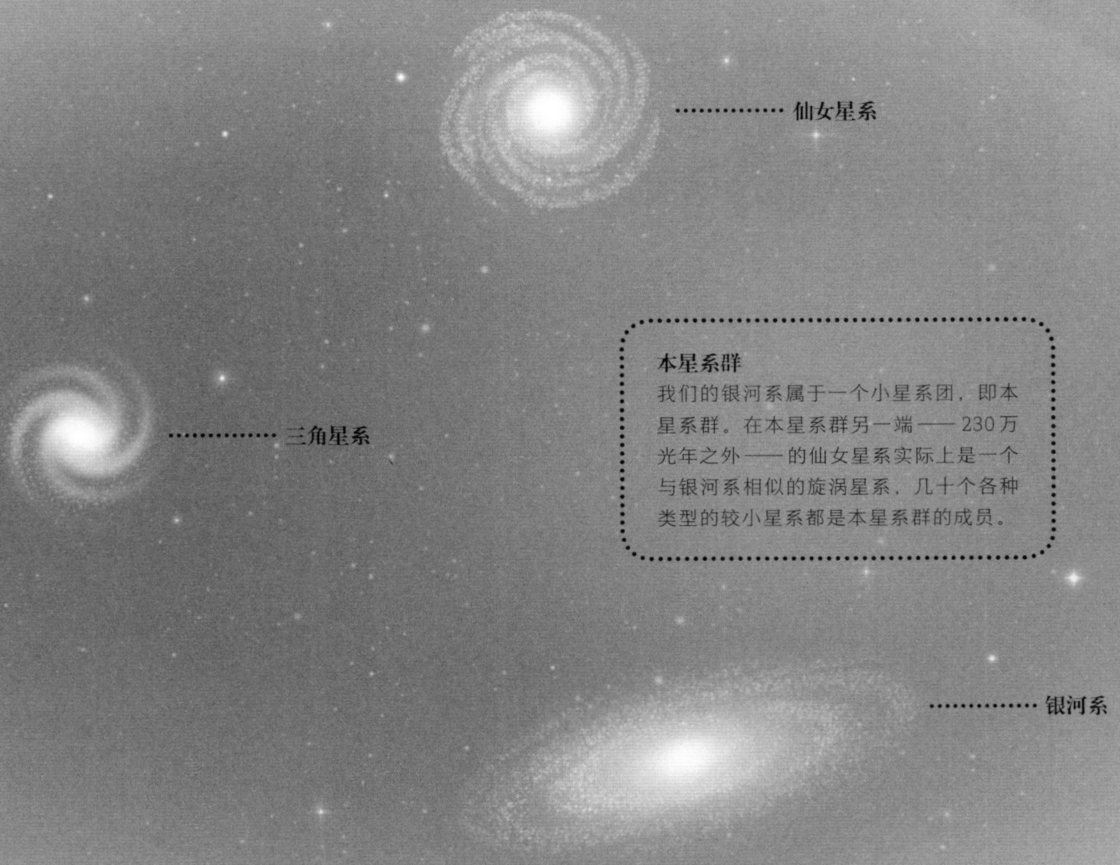

本星系群

我们的银河系属于一个小星系团，即本星系群。在本星系群另一端——230万光年之外——的仙女星系实际上是一个与银河系相似的旋涡星系，几十个各种类型的较小星系都是本星系群的成员。

07.4 旋涡星系

旋涡星系优美的结构可以反映恒星的不同星族[①]。

- 旋涡星系中央有一个球形或棒状的凸起。它由温度更低且更年老的红色恒星组成。
- 从星系的核心延伸出一个相对较薄的圆盘，其中包含着旋臂。它们由深色的尘埃和气体组成。这些云团中镶嵌着更为年轻、更加蔚蓝的恒星。
- 球状星团（见本书第176—177页）的球状光晕和独立的恒星们一起笼罩着星系的圆盘。它们也都是红色的。

旋涡星系的起源尚未探明。它似乎是由较小星系合并而成的。合并使得星系旋转得更快，这也导致了圆盘的形成。

① 第一星族主要分布在银河系和其他旋涡星系的盘状部分和旋臂上，而第二星族主要分布在球状星团、椭圆星系和旋涡星系的核心部分，因此根据形状和分布可以判断恒星属于哪个星族。

延伸思考

旋涡星系的旋臂就像涟漪——它是由密度波穿透星系的气体和尘埃而形成的。在密度波聚集气体和尘埃的地方，恒星形成了星暴，年轻的蓝色恒星就嵌钉在深色的云团中。在密度波运动过程中，恒星先是短暂停留在一个旋臂上，随后进入下一个旋臂。

有些旋涡星系是松散缠绕着的，并且只有两个旋臂。其他的则盘绕得更加紧密，也有更多的旋臂，构成了风车般壮丽的外观。

年轻的蓝色恒星

核球

年老的红色恒星

尘埃和气体云

07.5 椭圆星系

椭圆星系虽然形状多样，从长条状到球形层出不穷，但通常是类似橄榄球或者美式足球的形状。椭圆星系很像旋涡星系的中心凸起：它们散发出红色的光。这是因为星系内恒星的质量较小且诞生于宇宙早期，已经演化到了红巨星阶段。这里的星际气体和尘埃很少，所以年轻恒星比较罕见。椭圆星系不会自转，即恒星独立围绕中心运动；星系的体积也可能很大：最大的星系拥有超过一万亿颗恒星。

椭圆星系似乎是星系贪婪行为的结果：它们由较小的星系合并而成。这种碰撞往往会形成一个椭圆星系。碰撞后的庞大产物又会继续吞噬较小的星系（见本书第186—187页）。

延伸思考

椭圆星系似乎是最先形成的——它们在特别遥远的星系中更加常见，看起来就好像它们是在宇宙最初的十几亿年里形成的。也有一些星系最初是椭圆星系，后来发展为在邻近宇宙中更为常见的旋涡星系。

椭圆星系发红光，这是因为它主要由温度更低的年老巨型恒星构成。它们附近气体和尘埃太少，因此也难以形成更热更蓝的新恒星。

07.6 不成形的星系

许多星系的形状是不规则的，不能被归为旋涡星系或椭圆星系。它们是小型的布满尘埃的蓝色恒星聚集体。有时它们会因为核心内部的剧烈活动而扭曲（见本书第188—189页），有时则因为与其他星系的碰撞或过近的接触而变形（见本书第186—187页）。

随着天文技术的进步，科学家已经有可能通过探测细微痕迹了解不规则星系过去的结构，然后对它们进行重新分类。最著名的不规则星系之一是大熊座的雪茄星系，也被称为M82。它是由恒星和尘埃组成的雪茄状的星系。在它的核心，新恒星形成的速度是整个银河系形成恒星速度的十倍。我们了解到两个旋涡星系（即M82与M81）正在这里相撞，但是很难看到它们的旋臂。

延伸思考

在南部天空，能看到银河系的两个邻居——大小麦哲伦云。大小麦哲伦云呈现出棒旋结构的痕迹（见本书第180—181页）。很显然，星系彼此之间以及与银河系之间的相互作用破坏了它们原本的结构。气体和恒星构成的桥梁连接了这两个较小的星系，一条物质流环绕在银河系外部，银河系的圆盘也被这个云团扭曲了。

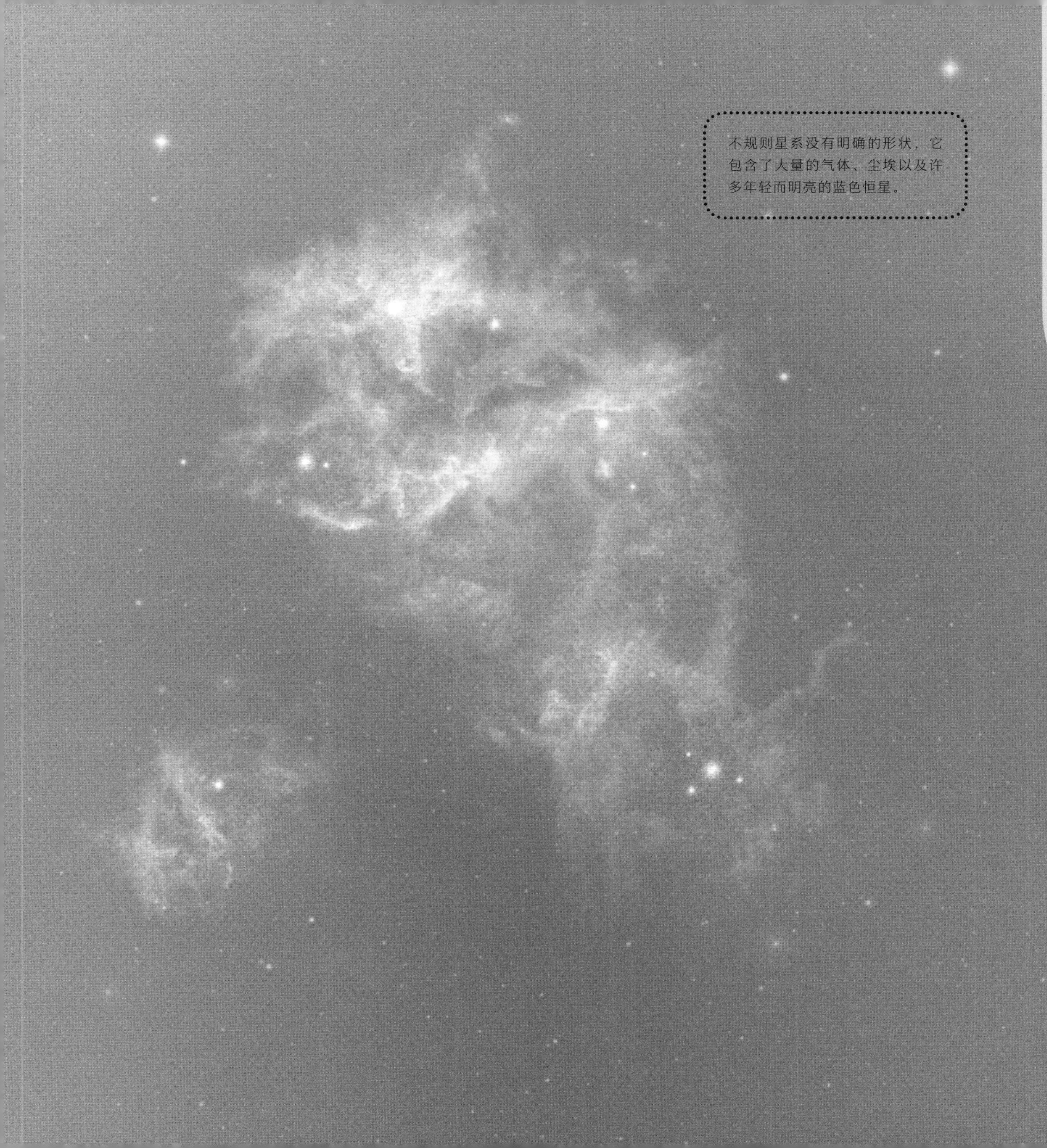

不规则星系没有明确的形状，它包含了大量的气体、尘埃以及许多年轻而明亮的蓝色恒星。

07.7 碰撞中的星系

虽然星系之间距离遥远，它们的碰撞却很普遍。在宇宙更年轻、更拥挤的时候，这种碰撞就更常见了。人们可以观察到许多碰撞后的残骸，更多星系则显示出近距离相遇留下的痕迹。

星系相撞时，恒星不会碰撞到彼此——因为按比例而言，相较于自身体积，它们之间的距离要远得多。但是，星系中的气云确实会相撞，并且在合并的星系[①]中心停留。这里可能会有爆发式形成的恒星，还可能形成一个特大质量黑洞。

更为常见的是，两个星系会有惊无险地躲过相撞，但会将别的星系的恒星和其他物质源源不断地吸引过来。

① 星系合并是星系碰撞的一种可能结果。当两个星系发生碰撞且缺乏足够动能让自己在碰撞之后继续运动时，它们就会彼此“坠”向对方，在无数次擦肩而过之后最终合并成一个星系。

延伸思考

车轮星系揭示了星系碰撞的结果。它的宽度是银河系的一半，周围有一个由明亮而年轻的恒星和强大的X射线源组成的轮圈，后者围绕着圆盘状星系的边缘，中间以微弱的“辐条”相接。

显然，我们现在看到的是它在遭受了一个较小星系的直接冲撞之后两亿年的样子——在这之前，它还是一个普通的旋涡星系。恒星形成时的冲击波向外发射，形成了明亮的环。“辐条”实际上是重建中的旋臂。

走向粉碎的星系：距离我们2.9亿光年，后发座的一对双鼠星系正在经历一场碰撞。一个星系延伸出的长“尾巴”是在另一个星系引力场作用下喷射出的恒星流。这两个星系过去可能已经碰撞过好几次了。

07.8 激变星系

1963年，天文学家发现了一个微弱的类似恒星的天体——正好位于3C 273电波源的位置。这颗“恒星”的光谱一直很神秘，直到人们发现了其中的大量谱线都偏向红端[①]（见本书第60—61页）。这意味着它位于宇宙级的距离——可能远至数十亿光年——之外，发出的射电波极为“明亮”。显然，这个微小的天体正在向外喷射能量，相当于100个银河系大小的星系能量的总和。它被认定为类星体（quasar），这个名词是“类星射电源”（quasi-stellar radio source）的简写。

越来越多的类星体被发现，还有那些与此类似的天体，它们也以光波的形式释放出了令人难以置信的能量。这些遥远而异常明亮的天体现在通常被称为“活动星系”。

在“物质落入黑洞并永远从宇宙消失”的观点（见本书第166—167页）出现之前，科学界都难以认可这种不可思议的能量水平。在活动星系的中心，恒星、尘埃还有气体在被吞噬之前环绕着黑洞运转。当物质最终落入黑洞后，其质量的整整10%都会转化为纯能量——这是一种远比其他任何已知方法都高效的能量产生过程。

① 即红移现象。在物理学和天文学领域，“红移”指物体的电磁辐射由于某种原因波长增加、频率降低的现象。在可见光波段，表现为光谱的谱线朝红端移动了一段距离。其中一种红移机制被用于解释在遥远的星系、类星体，乃至星系间的气云的光谱中观察到的红移现象：红移增加的比例与距离成正比。

延伸思考

活动星系在遥远的地方——在宇宙最初的几十亿年里——数量更多。这表明，所有的星系都有一段极其活跃的青春，当中心的黑洞吞噬完物质后，这段青春也就逐渐逝去了。

活动星系的中心迸发出高能粒子喷射流，其中包括能够被探测到的射电波、X 射线和可见光，它们可以穿越宇宙。这些都与活动星系中心的黑洞有关。

07.9 星系团

星系通常群居，并形成星系团。这些星系团的直径可达3 000万光年，可以容纳数千个星系，其中也可能包含一些较小的星系群，例如我们的本星系群。这些星系团又形成了更大的超星系团，其直径可达3亿光年。我们所处的本星系群并非某个星系团的一部分，而是和其他数百个星系群和星系团一起构成了直径约1.1亿光年的室女座超星系团的一部分。

星系团曾经被称为“总星系”，它们就像放大了的星系。

- 有些星系团的形状是规则的，乃至球形的，其中大量的星系从一个密集的中心均匀分布开来。
- 有些星系团是不规则的。
- 有时候星系团相互碰撞，就像星系那样。

引力效应显示，星系团的质量比我们依靠可见和不可见辐射观测到的质量大得多（见本书第202—203页）。

延伸思考

诗人威廉·布莱克看到了“一沙一世界”。天文学家们几乎也可以做到：如果你伸直胳膊，把一粒沙子举向天空，它所覆盖的区域就包含了一万个星系。

一个星系团中可能有数千个不同类型的星系，每个星系都包含数百亿甚至数千亿颗恒星。

星系团中的星系之间有着看不见的气体。气体发射出的X射线表明它有数千万甚至数亿度。星系团中气体的质量通常是可见星系总质量的两倍。

07.10 巨壁和巨洞

当我们以最大的尺度——几十亿光年——回溯整个宇宙的时间历程的时候，其结构会越发清晰地显示出“青年”时期变化的痕迹。

物质的组合并未止步于超星系团。它们进而又以数亿光年的规模形成了巨壁和纤维状结构，包围着被称为“巨洞”的巨大空间。巨洞直径约7 500万光年，内部几乎没有星系。就这一尺度而言，宇宙是“泡沫网状”的，巨洞占据主导地位，星系团组成了巨洞的围墙。相较于瑞士奶酪，它更像是一团肥皂泡。

这种结构可能起源于宇宙30万岁的时候，那时它冷却到了几千度。从大爆炸中产生的氢和氦的电子与原子核结合形成原子。在那一刻之前形成的热物质密度的波动被“冻结”了。密度较高的区域吸引了更多物质，最终聚集成星系。从那时至今，宇宙已经膨胀了上千倍。早期变化造成的结构不断扩张，成为我们如今看到的样子。

延伸思考

物质的“凝结”最终会停止。在超过三亿光年的超大尺度内，星系群均匀地散布在太空中——并未形成“超超星系团”。宇宙学家称这种超越了无序的平衡为“伟大的终结”。

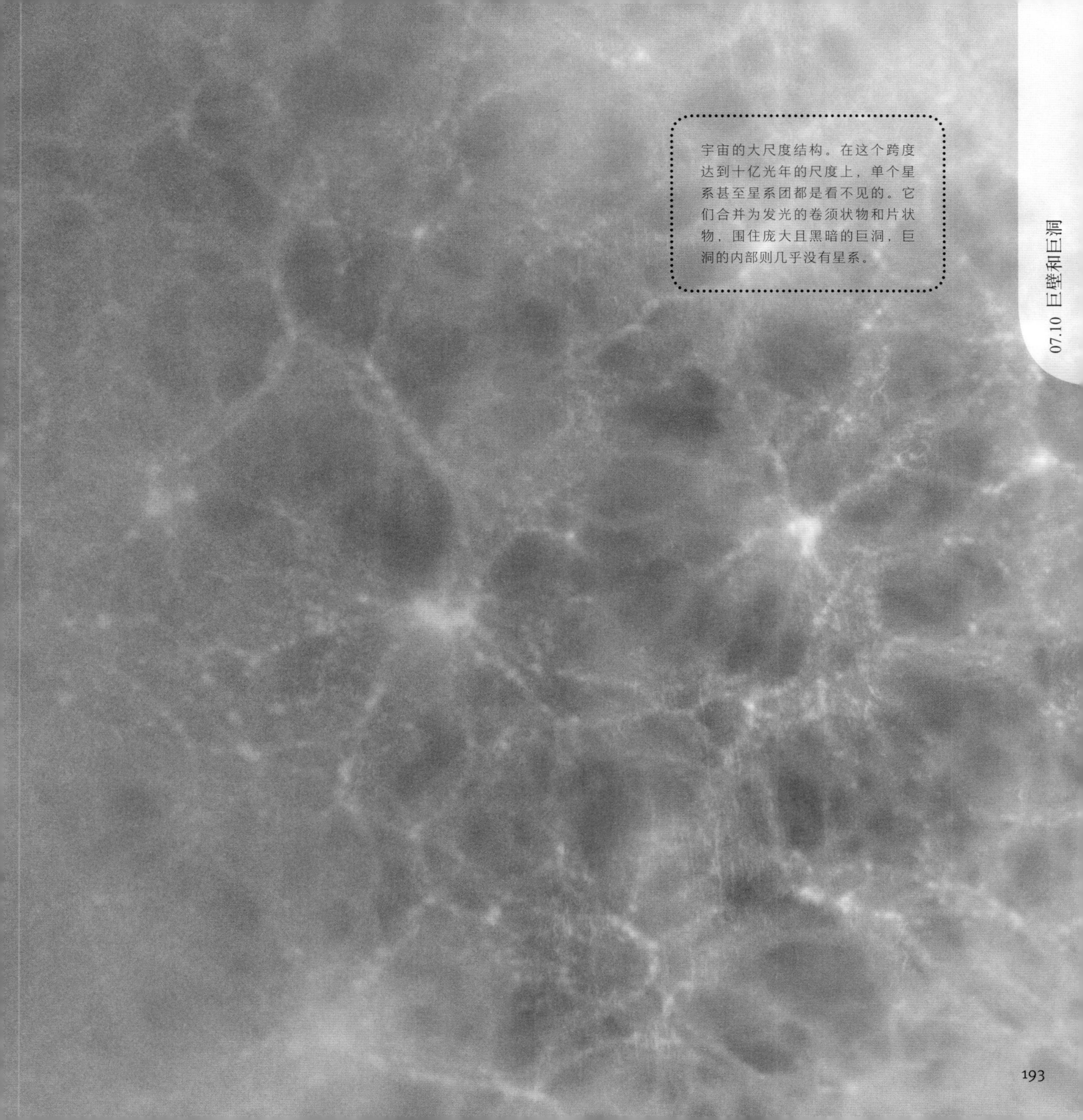

宇宙的大尺度结构。在这个跨度达到十亿光年的尺度上，单个星系甚至星系团都是看不见的。它们合并为发光的卷须状物和片状物，围住庞大且黑暗的巨洞，巨洞的内部则几乎没有星系。

第八章

宇宙奇观

08.1 不断扩张的太空

如果宇宙从137亿年前的一次爆炸中开始膨胀，那么爆炸是在哪里发生的？当物质在最初那个确切的位置点爆炸时，其外部发生了什么？

第一个问题的答案是：它无处发生，或者说随处发生。我们无法在宇宙中指出某一个地方，说大爆炸就是在这儿发生的。

第二个问题的答案是：没有“外部”。最初，当宇宙和橄榄球差不多大的时候，它自己填满了存在的空间。一年后，它就成长到了如今星系的大小，依然自己填满了所有的空间。

我们可以把成长中的宇宙想象成一个正在膨胀的气球，但太空不是气球的内部，而是气球充满弹性的外皮。这层二维的外皮好比我们所说的普通三维空间。如果你是一只居住在气球表层的二维蚂蚁，对你而言外部什么也没有，但你所处的世界一定会有确切的大小，其尺寸随着宇宙的膨胀而增大。

延伸思考

随着宇宙的常规膨胀，星系和星系团并不会变大，引力足以将它们聚集在一起。更大的结构则会扩张并进一步分离，如超星系团以及它们组合成的巨壁和纤维结构（见本书第192—193页）。

诞生30亿年后

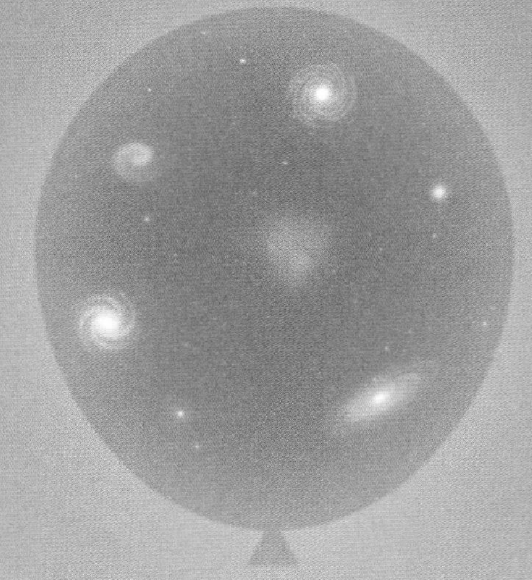

如今

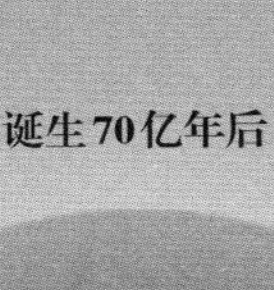

诞生70亿年后

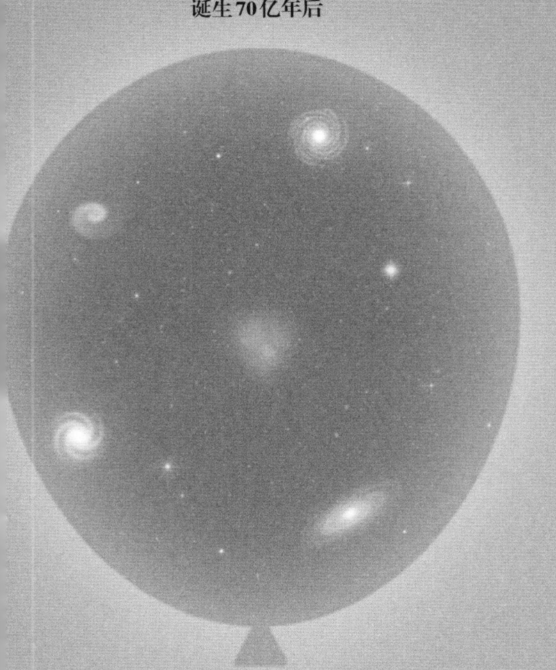

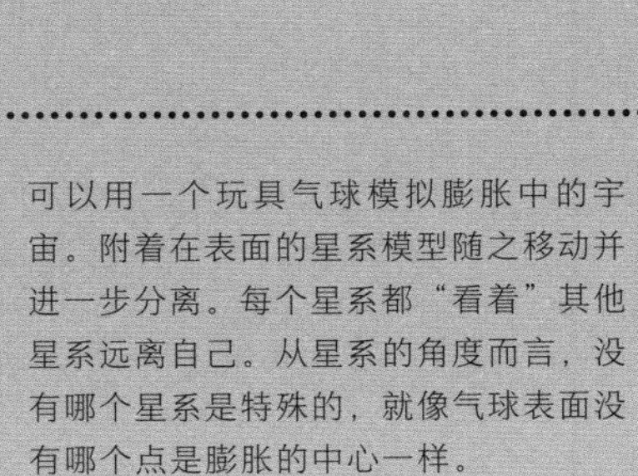

可以用一个玩具气球模拟膨胀中的宇宙。附着在表面的星系模型随之移动并进一步分离。每个星系都“看着”其他星系远离自己。从星系的角度而言，没有哪个星系是特殊的，就像气球表面没有哪个点是膨胀的中心一样。

08.2 大爆炸简史

宇宙学家确信他们清楚宇宙从大爆炸到现在的发展过程。他们的信心主要来源于这样一个事实：早期的宇宙非常炽热，而高温下的物质活动更加简单。但是在最初的那几分之一秒，它实在是太热了。那时的宇宙温度高到令人无法想象，以至于物理理论完全崩溃，我们也无法确定具体发生了什么。

宇宙的时间轴

这是从古至今一直处于膨胀和冷却中的宇宙的一些重要节点。

注：这里使用简洁的科学计数法表示非常大和非常小的数字。

举个例子：

⇢ 10^6的意思是6个10相乘，即1 000 000。因此10^{35}表示数字1后边跟着35个0。

⇢ 另外，10^{-6}表示1除以10^6，即1/1 000 000，所以10^{-35}表示1除以10^{35}。

开端

未知——当下的物理学无法解释。

10^{-43}秒

此时有两种基本的力：引力和强大的统一力。

10^{-35}秒

宇宙开始膨胀——瞬间从小于亚原子粒子膨胀到一栋房子那么大。

10^{-32}秒

宇宙以稍缓的速度膨胀。宇宙就像一锅装满粒子和辐射的汤。基本的力已经分裂成为我们今天所知的四种力。

10^{-6}秒

更基本的粒子组成了质子和中子。

3分钟

一些质子与中子结合，形成氦核和其他质量较大的元素。

37万年

电子和原子核结合形成原子。辐射自由活动，并形成了如今的宇宙微波背景。

2亿年

第一颗恒星开始闪耀。

10亿年

第一个星系形成。

90亿年

宇宙开始加速膨胀。

137亿年

现在的宇宙。

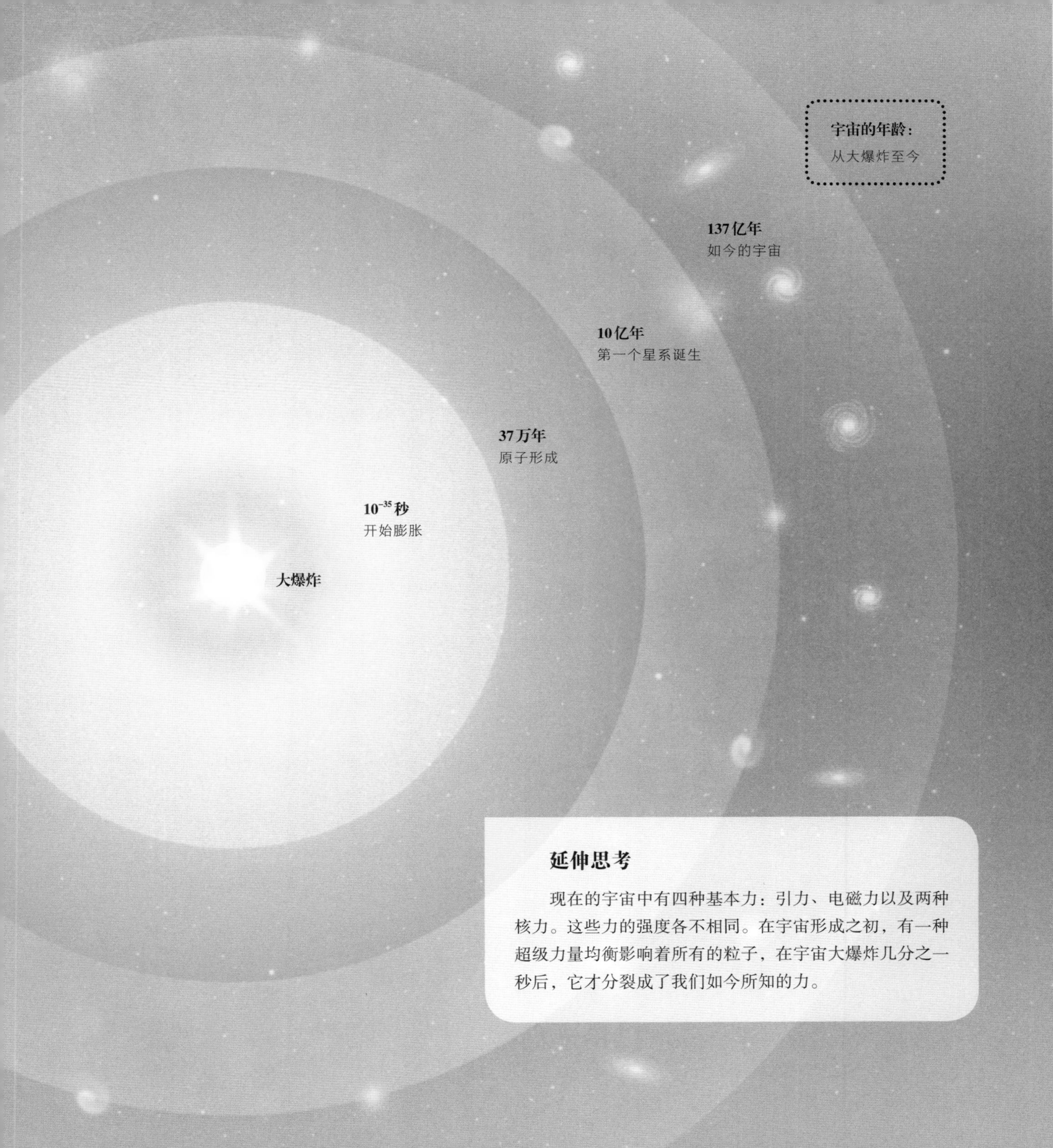

宇宙的年龄：
从大爆炸至今

137亿年
如今的宇宙

10亿年
第一个星系诞生

37万年
原子形成

10^{-35}秒
开始膨胀

大爆炸

延伸思考

现在的宇宙中有四种基本力：引力、电磁力以及两种核力。这些力的强度各不相同。在宇宙形成之初，有一种超级力量均衡影响着所有的粒子，在宇宙大爆炸几分之一秒后，它才分裂成了我们如今所知的力。

08.3 宇宙尽头的烟雾

作为最遥远星系的背景，宇宙烟雾在天空中无处不在，持续不断地发出辐射的“嘶嘶”声。它由波长峰值约为两毫米的辐射组成——这大约是微波炉中微波长度的1/60。

所有物体都会发出与其温度相对应的热辐射。这种宇宙微波背景（CMB）辐射的波长特征，与物质在绝对零度（即可能的最低温度，在这个温度下，天体中的所有原子都会静止）以上大约2.7℃时的特征差不多。CMB的温度是宇宙的平均温度。

CMB形成于宇宙诞生约37万年后——这对于宇宙而言仅仅是瞬间而已。在此之前，宇宙是由相互挤压的电子、原子核和辐射组成的。当这种混合物冷却到大约3 000℃时，电子和原子核结合形成了中性（不带电荷的）原子。这些中性原子很难与电磁辐射相互作用，这意味着宇宙突然变得透明，辐射可以几乎不受阻碍地穿过它们。电磁辐射仍然处于运动之中——这也就是我们所“看”到的CMB。正如宇宙一直处于膨胀和冷却之中，背景辐射也被拉长，并且冷却到了现在的低温状态。

延伸思考

无须射电望远镜就可以探测到CMB。当老式电视机尚未调谐的时候，CMB贡献了屏幕上的一小部分“雪花”。

宇宙微波背景形成了一个位于最远星系之外的背景。当宇宙只有30万岁的时候，它就开始朝我们进发。在此用彩色进行标记：红色代表最热，暗蓝色代表最冷，但是最大的温度变化也仅为1/30 000℃。CMB中的这些涟漪[①]反映了宇宙诞生时的涟漪——它们是星系生长的种子。

① 涟漪指的是温度差为1/50 000℃的静态涨落，这个涨落有一个构型丰富的功率谱，其中蕴藏着早期宇宙的大量珍贵信息。正是以这些微小涨落为种子，在引力坍缩和宇宙膨胀的双重作用下，形成了各类星系、星系团等宇宙大尺度结构。

08.4 黑暗的宇宙

天文学家最近开始怀疑，我们在宇宙中能够观测到的一切——无论是通过光、射电、X射线、中微子还是其他任何东西——可能都只是宇宙的冰山一角。有明确的迹象表明，宇宙中的物质远比眼睛看到的多。

星系自转的速度比按其质量推算的速度更快。它们在星系团中绕轨运动的速度也比按星系数量推算的要快。如果不是它们的成员被某种看不见的东西——某种“暗物质”（不要与“暗能量”混淆——见本书第204—205页）——影响，这些星系团在很早以前就应该解体了。

暗物质可能的身份有很多，它们包括：

- MACHO——晕族大质量致密天体，即一些恒星和密度极大的天体，它们的光芒太过微弱而无法被看到，例如矮星、黑洞还有中子星。然而这些似乎只占暗物质的一小部分。
- WIMP——弱相互作用大质量粒子，即一些未被发现的基本粒子，它们同引力和弱核力（与放射性有关）相互作用，而不会同电磁力或者强核力（使原子核聚在一起的力）相互作用。瑞士日内瓦附近的大型强子对撞机和其他实验室都正在进行实验，寻找WIMP。

延伸思考

一个名叫DAMA（即“暗物质”的英文缩写）的意大利研究团队声称发现了一股WIMP风吹过地球。他们的地下探测器记录了不明粒子的撞击，其速率在一年之中变化很大，并在6月初达到了顶峰。他们宣称，地球在银河系中运行速度的不同——因为它绕太阳运动的速度就不同——导致了这一情况。但是，他们的发声孤立无援——还没有其他实验室检测到这种粒子。

下方的深渊

我们在广阔的辐射范围内观察宇宙中“正常”的物质和能量。但是，仅靠引力来显示自己存在的暗物质就已经比它们的五倍还多。在这二者之外，还有总量三倍于它们总和的绝对神秘的“暗能量”在推动着宇宙以更快的速度膨胀。

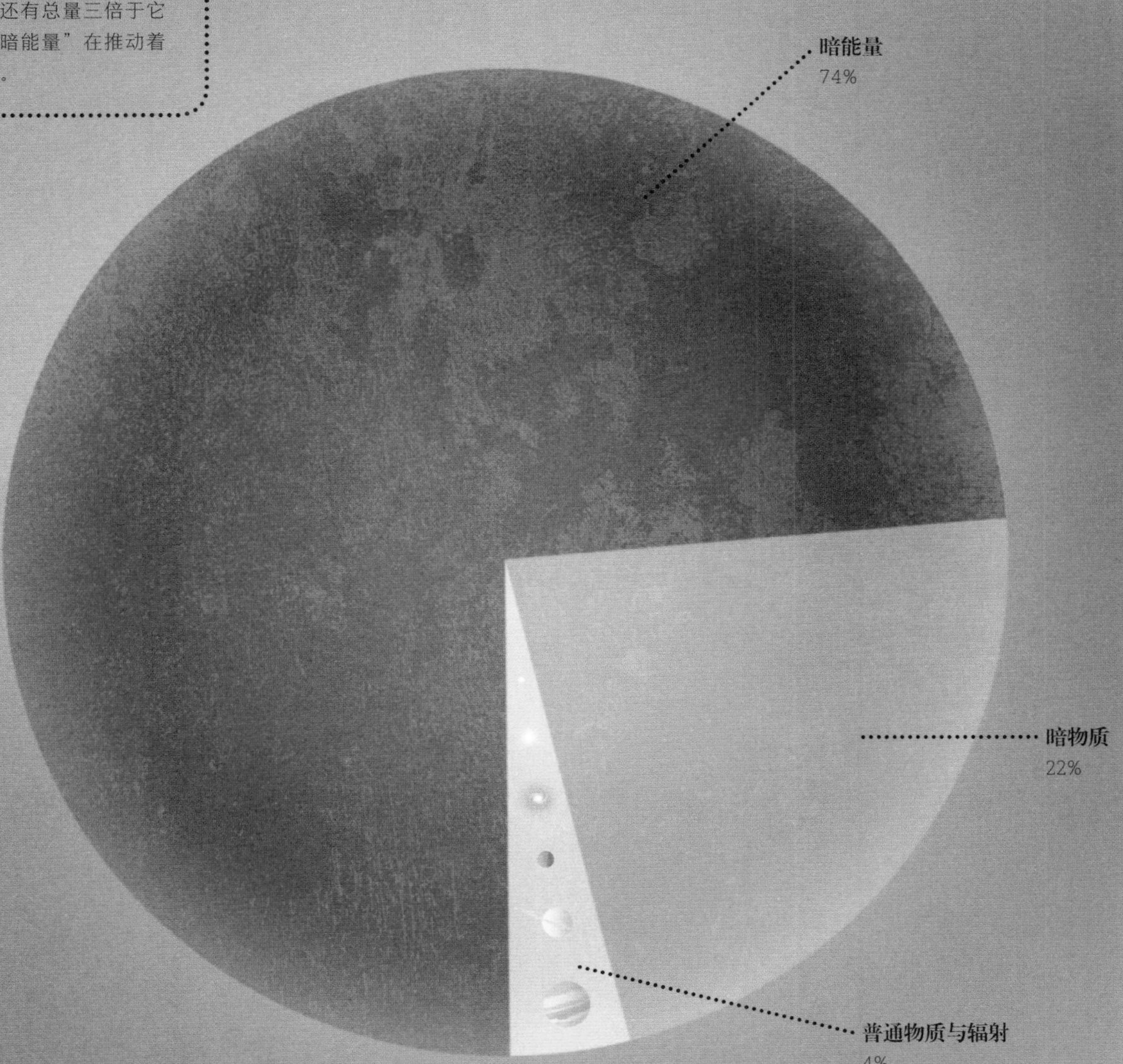

08.5 加速中的宇宙

1998年，天文学界有一个惊人的发现。对Ia型超新星（“吞噬”伴星外层后爆炸形成的那类超新星）的调查显示，星系间的距离比以往任何时候计算的都要遥远。但是，与它们的红移相比，宇宙的扩张并没有稳步进行。由于宇宙中各种物质引力间的相互作用，即便速度减缓也不足为奇。实际上，宇宙的扩张正在加速进行。

宇宙学家对这种明显的加速感到困惑：他们将其解释为暗能量在宇宙膨胀时布满太空所致。至于暗能量是什么，有一些试探性理论，但没有一个站得住脚。

在宇宙体积更小的时候，暗能量更少，斥力也更小。由于物体之间的引力，膨胀实际上开始减速了。但是，在大约50亿年前，宇宙已经大到足够使暗能量克服引力。如果暗能量继续以这种形式运作，宇宙将永远不会停止膨胀（见本书第212—213页）。

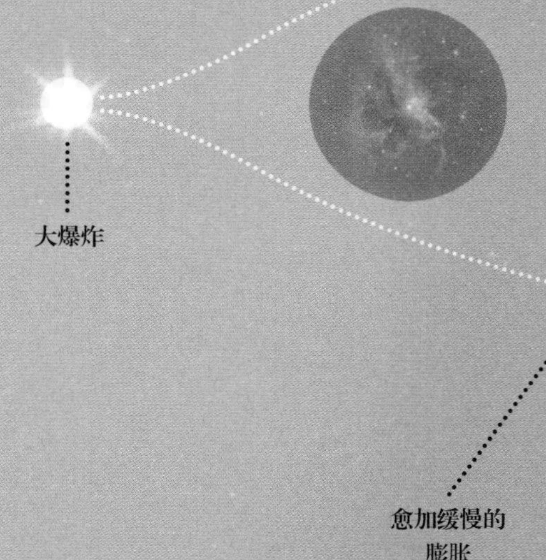

延伸思考

当爱因斯坦试图用他的广义相对论模拟宇宙时，他假设宇宙既不会坍缩也不会膨胀。为了保持平衡，他提出了一个宇宙学常数，用以表示所有物质粒子之间的斥力。当哈勃空间望远镜发现星系在相互远离的时候，爱因斯坦将宇宙学常数视为他一生中最大的败笔。现在看来，他并没有错——宇宙学常数与暗能量的效果大致相同。

在经历了难以置信的急速膨胀之后，宇宙扩张的速度平稳下来。但是，在大约90亿岁的时候，宇宙又开始加速膨胀。

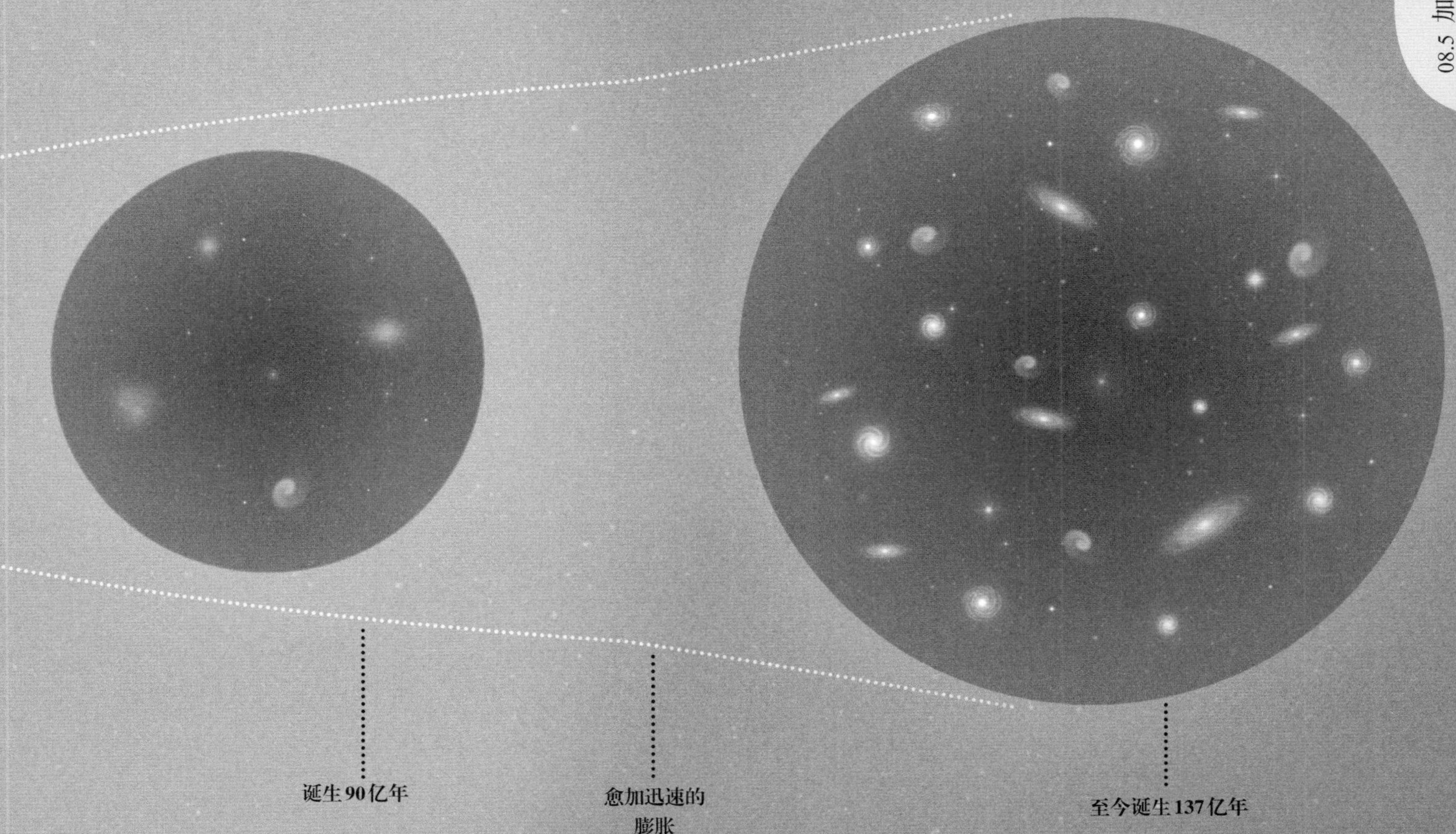

08.6 为什么天空是黑暗的？

1823年，德国天文学家海因里希·奥伯斯提出了一个来源已久的问题：为什么夜空是黑色的？如果宇宙是无限的、永恒的、不变的，那么无论我们往哪个方向看去，我们都应该能看到至少一颗恒星，所以整个天空都应该是明亮的。

有的天文学家认为宇宙是无限的，正因如此，远距离恒星的光芒过于微弱，对于天空亮度影响不大。然而，他们的逻辑是有缺陷的（见对页的图示）。

奥伯斯认为，由于星际物质的作用，太空中有一层微乎其微的薄雾，这一点足够解释天空为什么是黑暗的。但是，在他之后的科学家意识到这个观点并不正确：任何吸收星光的介质都会受热并开始发光，这会再一次造成天空明亮。

后来，这些恒星——现在已知的组成星系的恒星——被发现正在远离我们。天文学家们意识到这会拉长并削弱到达地球的光波。但这并非全部答案：根据计算，如果所有的星系都突然停止运动，那么光量会变为原来的两倍——天空仍然会是黑暗的。

奥伯斯佯谬[①]的最终解释是：我们最远只能看到宇宙的“视界”。在约140亿光年的距离处，所有的星系都在以光速后退，并且它们不可见——就像那些在此距离之外的天体一样。宇宙视界内的恒星数量远远不足以使天空明亮。

延伸思考

如果我们生活在一个永恒的、无限的、静止的宇宙之中，那么天空的可视区域将会非常广阔：依据现代有关恒星的间距和亮度的数据，我们可以看到10^{23}（1 000亿兆）光年外的太空。相比之下，我们实际上能看到的距离还不到140亿光年。

---

① 德国天文学家奥伯斯指出，静止、均匀、无限的宇宙模型会导致一个重大矛盾，即无论从哪一个方向观看天空，视线都会碰到一个星星，因而整个天空就要亮得像太阳一样。实际上夜空是黑的。理论和观测之间的这种矛盾就叫作奥伯斯佯谬。

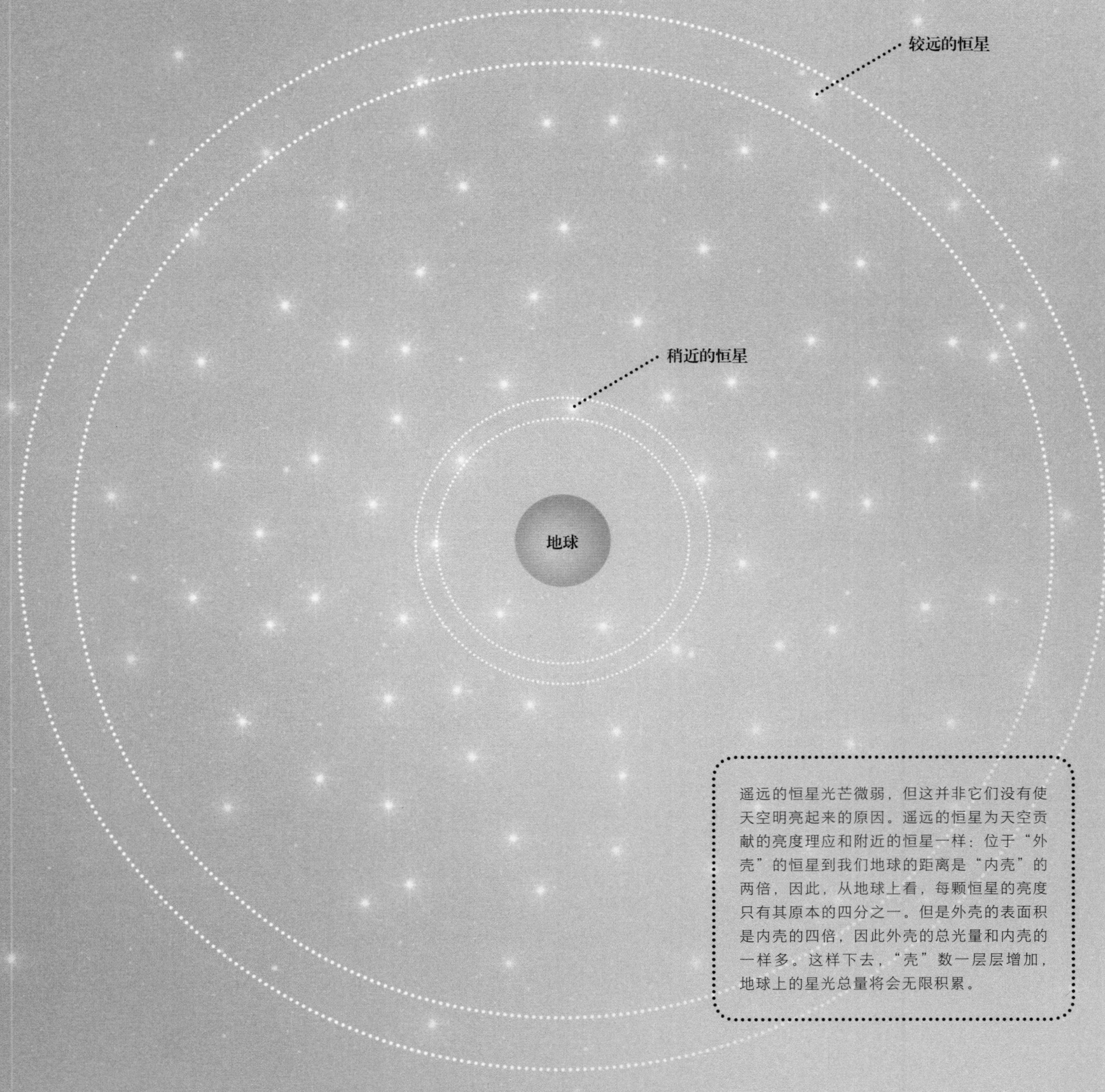

较远的恒星

稍近的恒星

地球

遥远的恒星光芒微弱，但这并非它们没有使天空明亮起来的原因。遥远的恒星为天空贡献的亮度理应和附近的恒星一样：位于“外壳”的恒星到我们地球的距离是“内壳”的两倍，因此，从地球上看，每颗恒星的亮度只有其原本的四分之一。但是外壳的表面积是内壳的四倍，因此外壳的总光量和内壳的一样多。这样下去，“壳”数一层层增加，地球上的星光总量将会无限积累。

08.7 从单一宇宙到多重宇宙

生活在一个存在了不到140亿年的宇宙之中，我们看不到140亿光年外的太空（见本书第206—207页）：这是光在这段时间所能传播的最远距离，没有什么比光线更快的了。超出这一距离的物质都无法与我们产生联系，也不会影响我们。因此，似乎宇宙视界（视界的范围大于CMB——见本书第200—201页）之中存在的就是我们全部的宇宙了。

很多模型显示，我们已知的宇宙就像是在大爆炸的第一刻从泡沫中生出的气泡。邻近的气泡扩展到了我们宇宙视界之外的宇宙。它们可能有着我们所未知的生命历史。

在多重宇宙的不同“气泡”中，物理定律可能也不同。如果其中一个宇宙的引力稍微变弱，或者膨胀稍微加快，过快的膨胀就会使充满该空间的气体永远无法聚集形成恒星和行星。这个宇宙将会永远是一片浩瀚如海的冰冷气体。

如果是另一种力量均衡的模型，那么整个宇宙可能会在大爆炸后的某个瞬间瓦解。或者，那个宇宙更加长寿，但是核反应进行得更快，因此，恒星的形成和燃烧只需要几百万年而不是数十亿年，也就没有孕育生命的可能性了。

延伸思考

一些严谨的宇宙学家震撼于我们的宇宙能够很好地平衡各个方面——例如引力和核力的力量平衡，这为恒星的燃烧和长期存在提供了可能，并为生命提供了潜在的家园。但是，如果宇宙的数量庞大到难以想象，并且每个宇宙的具体规律各不相同，那么其中必有一个拥有正确的属性组合，从而能够成为生命的家园。多重宇宙的存在证明了生命可以出现在“微调”[①]的范围内，而并不需要一个统一的调谐者。

① “微调的宇宙”（Fine-tuned Universe）理论主张宇宙中存在生命的条件只能是某些普遍的、维持在非常窄的数值区间的无维度物理常数，如果任何基本参数发生了哪怕少许改变，宇宙中就将无法形成物质、天文结构、多样的元素以及我们所理解的生命。

大爆炸可能创造了许多与我们的宇宙相邻近的宇宙——有的宇宙可能富有恒星和生命，有的可能空空如也，有的则寿命短暂。科学家们已经开始在CMB中研究热斑[①]和冷斑[②]的形成，以搜寻邻近宇宙的迹象。

① 该处的宇宙微波背景辐射温度比周围要高。
② 该处的宇宙微波背景辐射温度比周围要低。

08.8 大爆炸之前

关于宇宙大爆炸，有几个重大问题：是什么导致了大爆炸？以及，在大爆炸之前发生了什么？（当然，无论我们想出来什么理由，我们仍然可以再次提出同样的问题。但是科学家们沉迷于解释问题，即使看不到尽头，他们也不会放弃这一爱好。）

有一个答案是：这两个问题都毫无意义，因为时间本身就是从宇宙爆炸开始的——没有“之前”一说。

根据其他理论，在宇宙诞生之前，是一个与我们相似的宇宙，它坍缩形成了一个针尖大小的火球，然后爆炸；我们现在的宇宙也将重复这个循环，永无止境（见本书第212—213页）。

然而更多的理论表明，除了我们熟悉的三维空间和时间维度之外，还有更多的维度是我们无法感知的——虽然大型强子对撞机等机器的高能实验也许可以对它们进行探索。许多三维的初期宇宙飘浮在更高的维度之中。当其中两个发生碰撞时，我们的宇宙就在大爆炸中开始了自己的历史。当我们的宇宙消亡后，这个过程可能会在未来一次次的碰撞中一次次重启。

先前的宇宙

延伸思考

2010年，有些宇宙学家声称，他们在CMB（见本书第200—201页）中发现的圆形图案，是先前的宇宙中特大质量黑洞相互碰撞的回声。这一想法很快就被其同行推翻了，但它向我们展示了如何从原理上探索大爆炸之前的时代。

或许，我们的宇宙诞生于先前宇宙的死亡。反过来想，那个更古老宇宙的坍缩或许看起来就像是大爆炸。星系会聚集起来，在火球中被吞噬，又在大爆炸中重生。这一次，它们也会继续这样发展下去。

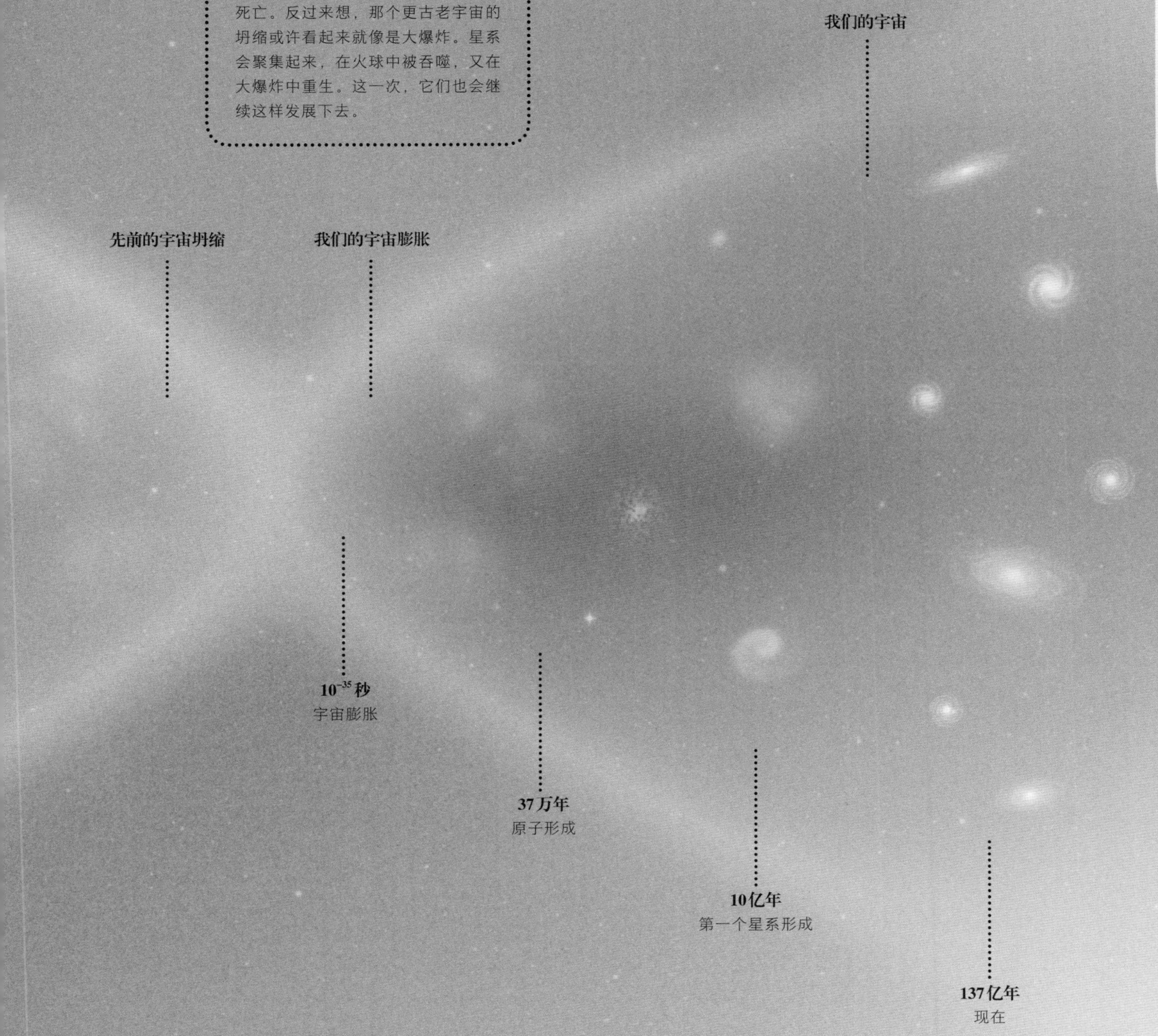

我们的宇宙

先前的宇宙坍缩

我们的宇宙膨胀

10^{-35}秒
宇宙膨胀

37万年
原子形成

10亿年
第一个星系形成

137亿年
现在

08.9 末来

一个世纪以前，关于宇宙将以何种方式终结，答案似乎是明确的：随着恒星的火焰耗尽燃料，火光熄灭，宇宙在恒星冰冷的尸体之间陷入黑暗。但是，现代物理学和宇宙学提供了一系列可能的结局。

- 大挤压：在大挤压理论看来，宇宙的膨胀总有一天会变慢，然后逆转。在像200亿年这样的短暂时间里，宇宙中的所有物质都可能开始向内收缩。当物质和辐射结合得更加紧密时，温度将上升，宇宙将再次成为带电粒子和辐射的海洋。引力会越来越强烈，最终整个宇宙将收缩为一个点。
- 大反冲：大挤压可能导致大反冲，一次新的大爆炸再次抛出物质，重复宇宙循环（但或许也不会——也许宇宙从大爆炸到大挤压的过程只有一次）。
- 大撕裂：有人认为我们如今观测到的宇宙膨胀将不断加速到某一个点，这时，先是星系，然后是行星系统、恒星以及行星，最终到原子，都将被撕裂。
- 大冻结：伴随着恒星的逐渐熄灭，宇宙可能会一直单纯地膨胀下去。

延伸思考

如果宇宙是永恒的，它将经历一系列里程碑——或者说是墓碑：

1万亿年：最后的恒星形成。

2万亿年：室女座超星系团（我们的本星系群属于它）之外的星系在我们的视野中消失。

10万亿年：长寿的红矮星停止发光。

10^{34}年：物质被封锁在白矮星、中子星和黑洞之中；质子衰变成为较轻的粒子。

10^{43}年：所有粒子都被黑洞吞没，现在黑洞是宇宙中唯一的成员。

10^{100}年：黑洞消散；宇宙成为电子、中微子和超低能光子的海洋。

日复一日……根据这一组理论，宇宙的膨胀总有一天会停止或逆转，或者最终被大挤压吞噬。这可能——也不一定——标志着一段从大爆炸到大挤压的新旅程的开始。

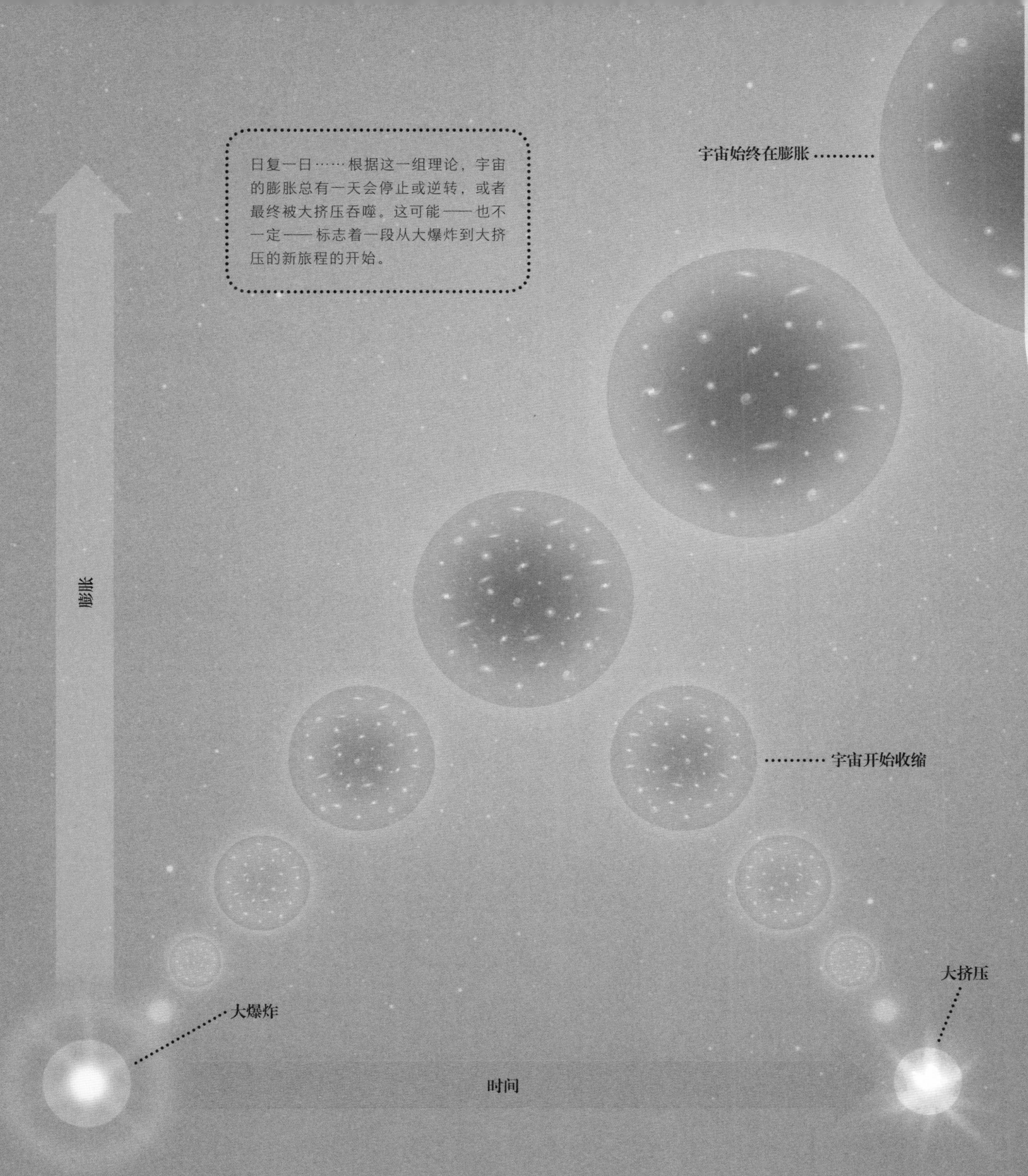

北天区的恒星

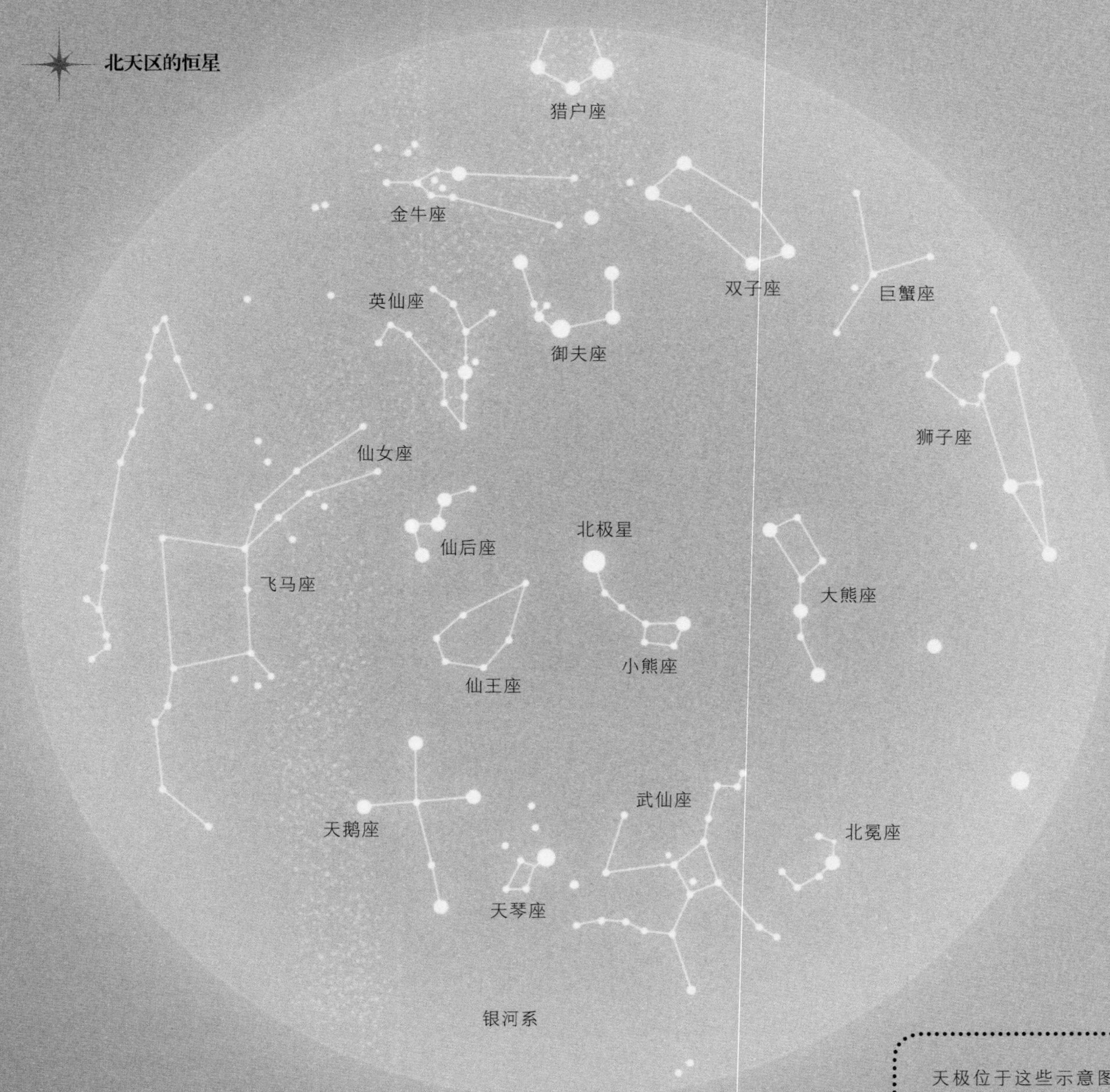

天极位于这些示意图的中心。天空在北天区的示意图上逆时针旋转，在南天区的示意图上顺时针旋转。

南天区的恒星

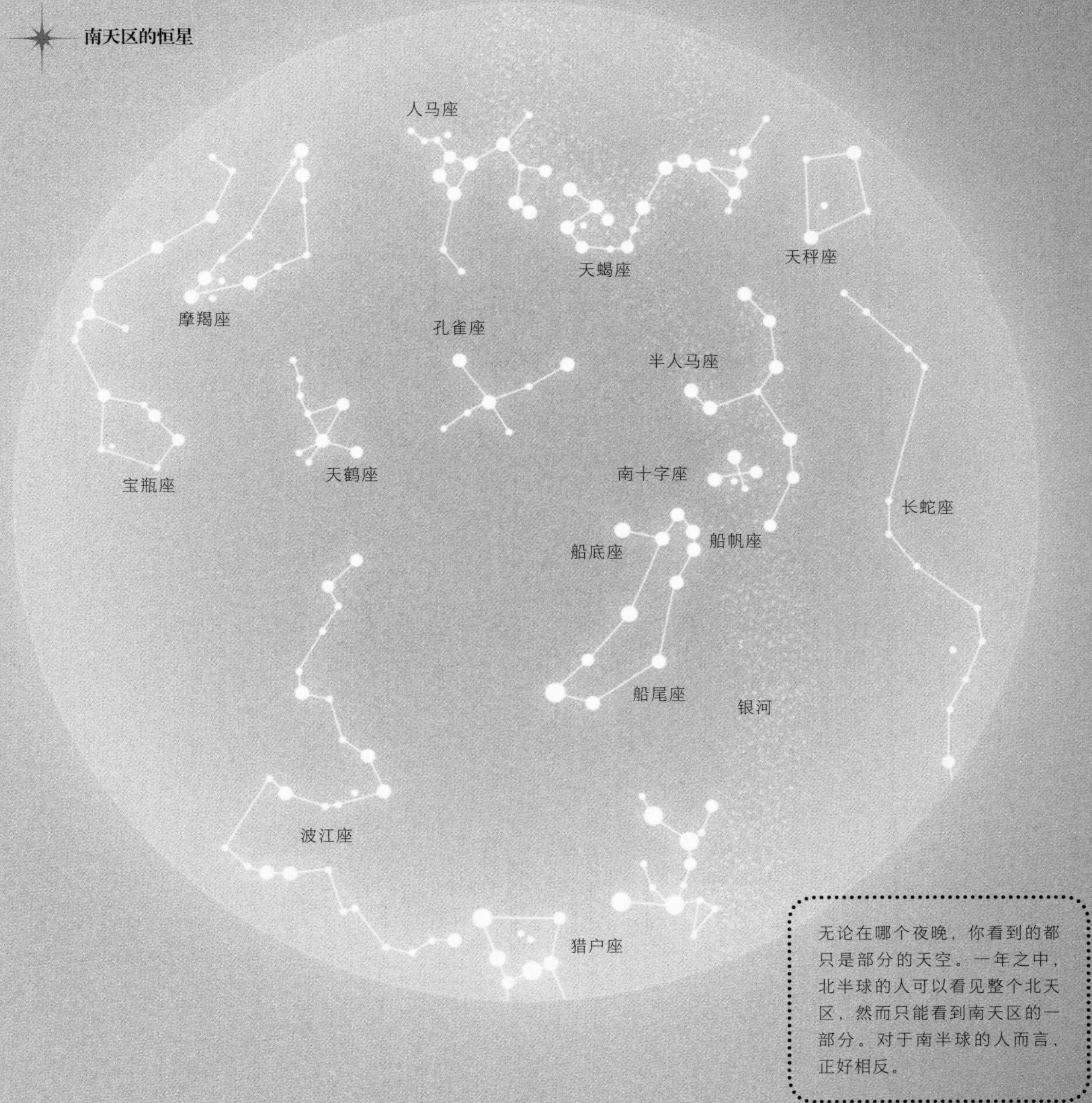

无论在哪个夜晚，你看到的都只是部分的天空。一年之中，北半球的人可以看见整个北天区，然而只能看到南天区的一部分。对于南半球的人而言，正好相反。

图书在版编目（CIP）数据

关于宇宙的一切 / (英) 克里斯·库珀著；黄紫薇，包诗雨译. -- 北京：北京联合出版公司, 2021.2（2021.10重印）

ISBN 978-7-5596-4912-6

Ⅰ. 关… Ⅱ. ①克… ②黄… ③包… Ⅲ. ①宇宙—普及读物 Ⅳ. ①P159-49

中国版本图书馆CIP数据核字(2021)第003044号

关于宇宙的一切

著　　者：［英］克里斯·库珀
译　　者：黄紫薇　包诗雨
出 品 人：赵红仕
选题策划：后浪出版公司
出版统筹：吴兴元
编辑统筹：郝明慧
责任编辑：夏应鹏
特约编辑：刘冠宇
营销推广：ONEBOOK
装帧制造：墨白空间·陈威伸

北京联合出版公司出版
（北京市西城区德外大街83号楼9层　100088）
后浪出版咨询（北京）有限责任公司出版发行
天津图文方嘉印刷有限公司印刷　新华书店经销
字数144千字　720毫米×1000毫米　1/12　$18\frac{1}{3}$印张
2021年2月第1版　2021年10月第2次印刷
ISBN 978-7-5596-4912-6
定价：88.00 元

后浪出版咨询(北京)有限责任公司常年法律顾问：北京大成律师事务所
周天晖 copyright@hinabook.com